情辞箔典

詹佳杰 著

群言出版社
QUNYAN PRESS
·北京·

图书在版编目（CIP）数据

情绪辞典 / 詹佳杰著 . -- 北京：群言出版社，
2025.3. -- ISBN 978-7-5193-1067-7

Ⅰ . B842.6

中国国家版本馆 CIP 数据核字第 2025G2A847 号

责任编辑：周连杰
封面设计：仙境设计

出版发行：群言出版社
地　　址：北京市东城区东厂胡同北巷 1 号（100006）
网　　址：www.qypublish.com（官网书城）
电子信箱：qunyancbs@126.com
联系电话：010-65267783　65263836
法律顾问：北京法政安邦律师事务所
经　　销：全国新华书店

印　　刷：三河市京兰印务有限公司
版　　次：2025 年 3 月第 1 版
印　　次：2025 年 3 月第 1 次印刷
开　　本：710mm×1000mm　　1/16
印　　张：10
字　　数：120 千字
书　　号：ISBN 978-7-5193-1067-7
定　　价：59.80 元

目 录 CONTENTS

第六章

那些影响情绪的感受

第七章

与情绪和解

第一章

你为什么如此情绪化
——正确理解情绪

情绪从感受中来

【情绪不过是感受精心策划的内心派对】

在这个瞬息万变的世界里，我们如同航海者，乘着情绪的波涛起伏，时而被欢乐的浪花托举，时而被悲伤的旋涡卷入。然而，无论情绪如何变幻莫测，它们并非凭空诞生，而是源自一个无形却有力的源头——感受。

深入探索情绪的源头，分析情绪产生的机理，可以发现情绪与感受之间并非单向因果关系，而是相互影响的。一方面，特定的情境或事件会引发特定的感受，进而生成相应的情绪。另一方面，个体通过改变自己的感受，可以主动调节情绪。这意味着我们并非被动地受制于情绪，而是可以通过改变感受来主动管理情绪。

情绪也能传染

心理学上有一个有趣的实验，叫作"镜像情绪"，这个实验告诉我们，情绪并非无端冒出来，而是源自我们对周围世界的感受和理解。接下来我们就一起通过这个实验，来看看情绪究竟是怎么从我们的内心感受中一步步诞生的。

想象一下，你正在看一部电影，主角突然笑得前仰后合，你是不是也会忍不住跟着嘴角上扬？或者，看到剧中人物伤心落泪，你的心头是不是也泛起一丝酸楚？这就是"镜像情绪"现象。简单来说，当我们看到别人表达某种情绪时，自己也会不由自主地产生相似的情绪体验，就像情绪会传染一样。

科学家们为了弄清楚这个现象，做了不少实验。他们使用了一些高科技设备，比如功能性磁共振成像，来观察参与实验的人在看到别人展示不同情绪（比如开心、难过、生气）时，他们大脑里哪些部位会产生反应。

结果发现，当我们看到别人开心时，我们大脑中与快乐相关的区域就会活跃起来；当我们看到别人难过时，大脑中对应悲伤的部分也会"亮"起来，就像是大脑在模仿别人的情绪状态，让我们自己好像也处在那种情绪中。

与之类似的实验还有面部反馈实验。在这个实验中，研究者要求一部分参与者在观看幽默视频时紧握一支笔，唇部肌肉收缩，模拟微笑的表情；另一部分参与者需要用牙齿咬住笔，使面部保持严肃。结果显示，模拟微笑的参与者在观看视频后反馈了更高的快乐感受。

这两个实验揭示了情绪并非单向由内心感受引发，而是与感受之间存在双向互动，即"情绪从感受中来，也在塑造感受"。

情绪产生的过程

这些实验有力地证明了情绪并非孤立存在，而是与我们的观察、感知和理解紧密相连。当我们观察他人的情绪表达时，我们的大脑通过视觉、听觉等感官接收信息，并对这些信息进行解读，进而引发特定的身体反应和心理感受，如心跳加速、肌肉紧张或内心喜悦、悲伤等。之后，我们会根据感受采取相应的行为反应，如笑、哭、愤怒或逃避等。在这个过程中，我们的感受起着至关重要的作用，它是我们理解他人情绪、产生镜像情绪反应的桥梁。

如何管理好自己的情绪

1. 觉察与接纳情绪，预防情绪敏感

"玻璃心"和"破防"等网络词汇在当代社交语境中被广泛使用，这些词汇反映了现代人在面对信息过载、人际互动和生活压力时的情绪反应与心理状态。其实，当我们多去尝试觉察并接纳我们的情绪时，我们可能就没有那么容易"破防"了。

提升情绪觉察能力是管理情绪的第一步。留意身体感受、情绪变化和触发事件，有助于提升我们对自身情绪的觉察能力，使我们能够更准确地识别和理解自己的情绪。这是情绪管理的一个重要步骤。同时，接纳所有的情绪，无须抗拒或逃避。接纳意味着允许情绪存在，而非被情绪淹没。

2. 巧妙利用"情绪镜像效应"

"情绪镜像效应"告诉我们，感受能引发情绪，情绪也能塑造感受，我们可以利用身体感受与情绪的紧密关系，通过调整呼吸、做瑜伽、运动、按摩等方式直接影响生理反应，进而调整情绪。例如，深呼吸有助于减轻焦虑，做出微笑的表情可以提升快乐感等。此外，保持良好的睡眠和饮食习惯，也有助于维持稳定的生理状态，间接影响情绪。

需求决定情绪——情绪的影响因子

【 不同的需求会产生不同的情绪 】

设想两种周末的情境：一种情境是你期盼已久的户外野餐如期举行，阳光温暖，微风和煦，你与朋友们在绿茵间谈笑风生，品味美食，感受大自然的恩赐。这个周末，满足与愉悦充盈着你的心田。另一种情境是你原本打算陪家人看电影，却因临时的工作安排不得不取消，看着家人略带失望的表情，你心中不禁泛起一丝愧疚与失落。

同样的周末，不同的需求满足状况，引发出两种截然不同的情绪。

有人欢喜有人愁的职场升迁

我与小李、小陈共事多年，他们同样才华横溢，业绩骄人，然而面对职场升迁这一重要事情，两个人的情绪反应却呈现出鲜明的对比，这正是需求在他们内心发挥影响力的生动写照。

小李，一位对事业有着极高追求的同事。他渴望在事业阶梯上不断攀升，实现个人价值与专业抱负。当公司正式宣布他晋升为部门主管的那一刻，我有幸与他共享了这份喜悦。在庆祝宴会上，他慷慨陈词，眼中闪烁着自豪与期待。升迁满足了小李对职业发展的深层需求，使他沉浸在积极情绪的海洋中，对未来充满期待。

　　小陈对职场升迁的态度则显得更为复杂。她同样具备出色的业务能力和领导潜力，但相较于职位晋升，她更看重工作与生活的平衡，对家庭和个人兴趣有着深厚的情感寄托。当得知自己被任命为项目负责人时，她私下找到我，轻轻地叹了口气："你知道吗，我很感激公司的认可，但说实话，我心里有些矛盾。更高的职位意味着更大的责任，我怕自己无法妥善处理工作与家庭的关系。我真的很担心会失去陪伴家人的时间，或者牺牲那些让我内心宁静的兴趣爱好。"她的眼神中流露出对未知工作压力的担忧和对原有生活秩序可能被打破的不安。升职对她而言，满足了职业发展的需求，却在一定程度上与她对工作生活平衡的需求产生了冲突，引发了她内心深处的消极情绪。

需求的金字塔

　　心理学家马斯洛的需求层次理论为我们理解需求与情绪的关系提供了理论框架。马斯洛将人类需求分为生理需求、安全需求、社交需求、尊重需求和自我实现需求五个层次，通常被描绘成金字塔等级。每一层次需求的满足或缺失，都会触发对应的情绪反应。

　　我们可以简单地将需求影响情绪的作用机制概括为生理反应与认知评价两个层面。

　　未满足的需求常常引发生理上的紧张与不适，如饥饿引发胃部空虚感、寒冷引发颤抖等。这些生理反应进一步诱发相应的负面情绪。反之，当需求得到满足时，生理状态趋于平衡，积极情绪随之产生。

　　认知评价可用来判断需求能否得到满足，以及满足的可能性有多大。这种评价直接影响我们的情绪体验。例如，面对挑战性任务，若认为自己有能力应对，即使面临压力，也可能会产生勇于尝试的兴奋感；若认为任务超出了自身能力范围，可能会产生挫败、忧虑的情绪。

学会如何平衡情绪与需求

1. 梳理自己的需求，更多地关注核心需求

定期记录自己的需求，包括生理需求（如饮食、睡眠、健康）、安全需求（如工作、生活环境）、社交需求（如亲情、友情、爱情）、尊重需求（如被认可、被理解）以及自我实现需求（如个人成长、成就感）。

在繁多的需求中，识别那些对个人情绪影响最大的核心需求尤为关键。这些需求往往与你的价值观、生活目标紧密相连，满足它们，能给你带来深刻的幸福感与满足感，忽视或无法满足它们则可能导致你产生强烈的情绪波动。通过观察情绪触发点、记录情绪日记，你可以逐渐揭示这些核心需求的面貌。

明确了核心需求后，面对生活中的各种情境，你将能更快地识别出引发情绪波动的根本原因。例如，你在工作中感到焦虑，可能是由于自我实现需求未得到满足。当理解了这些关联后，你可以更有针对性地调整应对策略，如提升工作技能、寻求反馈等以满足自我实现需求。

2. 了解情绪 ABC 理论，重构你的认知评价体系

情绪 ABC 理论指出，触发事件（Activating Events）本身并不直接引发情绪（Consequences），而是我们对事件的信念（Beliefs）影响了我们的情绪反应。

在日常生活中，养成觉察并记录自己对事件的即时反应与解读的习惯，特别留意那些引发强烈情绪反应的事件及其背后的信念。例如，面对批评（事件），你可能认为这是对自己的全盘否定（信念），从而感到沮丧（情绪反应）。记录这些信念及其引发的情绪，为后续

的分析与调整奠定基础。

练习以更积极、现实的态度重新构建对事件的认知，形成对自己有益的信念。比如，将批评理解为他人提供改进意见、促进个人成长的机会，而非单纯的否定。这样的信念转变将引导你产生更为积极、更适合的情绪反应，如冷静分析批评内容、制订改进计划，而不是陷入沮丧与自我怀疑。

你有多少种情绪——情绪的分类

【情绪就像调色盘】

在电影《头脑特工队》中，主人公莱莉的脑内世界被生动地描绘为一个由五种情绪小人共同掌管的奇妙国度。它们分别代表喜悦、悲伤、恐惧、愤怒和厌恶，各司其职，共同塑造了莱莉丰富多彩的情感世界。这不禁让人思考：在现实生活中，我们的情绪是否也如电影中所展现的那样，有着各自的代表色，遵循着某种内在的分类规律？这些色彩如何相互交织，共同构成了我们独一无二的情绪画卷？我们又该如何理解和掌握这些色彩，以便在生活中调出理想的"情绪色调"，绘就一幅属于自己的美好生活画卷？

情绪的六种基色

20世纪60年代，美国心理学家保罗·艾克曼博士在心理学研究领域留下了深刻的印记，特别是在情绪识别与表达的跨文化研究方面。他的开创性工作始于20世纪60年代，当时，艾克曼博士敏锐地意识到，尽管人类生活在千差万别的文化环境中，但我们的内心情感世界却存在着一种跨越地域、语言乃至习俗的普遍性。他坚信，即使最微妙的情绪信号，也能在全世界范围内找到共通之处，成为人类心灵相通的桥梁。

于是，艾克曼博士投身于一项前所未有的研究计划——他带领团队走遍世界各地，跨越种族、民族、宗教的界限，观察并记录人们在各种情境下产生的面部表情。他们聚焦于那些最为基本、最为原始的情绪反应，试图揭示隐藏在人类表情背后的共性规律。经过数年的严谨研究与细致比对，艾克曼博士及其团队提炼出了六种核心的基本情绪：喜悦、悲伤、惊讶、恐惧、愤怒和厌恶。

这六种基本情绪的存在，不仅揭示了人类情感世界的共通性，更为我们理解他人、沟通情感提供了强有力的工具。无论我们身处世界的哪个角落，无论我们的语言是否相通，只要我们能识别并理解这些基本情绪的面部表情，就能在一定程度上破译他人内心的密码，建立起跨越文化差异的情感连接。

情绪的多样性

基本情绪，如喜悦、悲伤、愤怒、恐惧、惊讶和厌恶，如同色彩中的原色，是人类共通且最基础的情绪类型。它们拥有明确的生理基础和特定的面部表情，易于识别，且在各种文化背景下都能得到广泛的认同。然而，生活中的情绪体验并非总是单一的基本情绪那么简单，它们往往会交织、融合，形成复合情绪。比如，我们在取得一项成就时，可能会同时感受到喜悦与欣慰的交织；面对困境时，内心会涌动着愤怒与无奈的混合情绪。复合情绪反映出情绪体验的复杂性，它让我们在特定情境中能同时感受到多种情绪的碰撞与交融。

从另一个维度来看，情绪又分为初级情绪与次级情绪。初级情绪如同直击心灵的第一声回响，它们直接由外部刺激引发，与生理反应紧密相连。例如，身体的疼痛引发痛苦的感受，饥饿状态下我们会感到烦躁不安。初级情绪来得直接且强烈，它们短暂、直观，易于被我们察觉和识别。次级情绪则是在初级情绪的基础上，经过我们的思维加工与价值判断形成的。例如，考试失利后我们可能会感到羞愧，被误解时心中会涌起委屈之情。次级情绪更为复杂，它们融入了个体的思考过程、自我评价以及与外界互动的经验，使得情绪体验更为丰富且深刻。

情绪还可以进一步区分为表面情绪与深层情绪。表面情绪如同一张面具，它们往往受到道德约束以及个人角色的影响，可能并不完全反映我们内心的真实感受。例如，在职场中，我们可能会因为某种需要而掩饰自己的真实情绪，展现出更加积极或中性的情绪面貌。相比掩盖我们真实的内心状态的表面情绪，深层情绪则是指那些更为真实、深刻且难以言表的情绪体验。它们往往源于个体内心深处的感受和需求，与我们的价值观、人生经历等密切相关。深层情绪通常更加复杂、持久，且不易被外界察觉。

综上所述，情绪的多样性体现在其维度与层次的交织之中。从基本情绪与复合情绪，到初级情绪与次级情绪，再到表面情绪与深层情绪，每一层都揭示了情绪世界的独特性。理解并探索这些维度与层次，有助于我们更全面、深入地认识自己的情绪世界，从而更好地驾驭情绪，使之成为生活旅途中的智慧灯塔。

我们如何"使用"好我们的情绪

1. 情绪表达与沟通

在与他人交流时，尝试准确、具体地表达自己的情绪，如"我现在感到既兴奋又紧张，因为这个项目对我来说既是机遇也是挑战"，这样有助于他人更好地理解你的情绪状态，增进沟通效果。

倾听与理解他人：在倾听他人表达情绪时，注意区分其表面情绪与可能的深层情绪，如对方看似平静的外表下可能隐藏着对失败的深深恐惧。这样的洞察有助于建立更深层次的同理心，提供更恰当的支持。

2．不同级别情绪的调节策略

针对初级情绪的调节：对于直接由外部刺激引发的初级情绪，如疼痛引发的痛苦，可以采取直接缓解生理不适的方法，如服用止痛药、进行舒适的身体护理等。

针对次级情绪的调节：对于源于认知评价的次级情绪，如考试失利后的羞愧感，可以调整思维方式，如重新评估失败的意义，看到其中的学习机会，或者寻求专业心理咨询师的帮助，改变负面的自我评价。

让你痛苦的是认知

【认知偏差是痛苦的催化剂】

在人生的舞台上，我们每个人都是自己生活的导演，同时也是剧中的主角，面对生活的跌宕起伏，演绎着各自的情感篇章。然而，有时我们似乎被剧本中的某个章节困住，深陷痛苦的泥沼，无法自拔。这时，我们不禁要问：究竟是什么在主宰着我们的喜怒哀乐，让痛苦如同挥之不去的阴影笼罩在心头？正如心理学家阿尔伯特·艾利斯所说："不是事件本身，而是我们对事件的看法决定我们的情绪。"认知，犹如一面透镜，决定了我们如何看待生活中的遭遇。当这面透镜出现偏差，现实的影像便会被扭曲，使我们对原本中性甚至积极的事物进行过度负面的解读，从而催生出难以承受的痛苦。

偏差的透镜放大了失败的后果

我曾经在工作中认识一名年轻有为的工程师小李，他对待工作认真负责，又不辞辛劳。我们曾经合作过公司设立的一个新项目。他满怀期待地投入新项目的研发工作中。然而，由于团队内部沟通不畅，加之市场环境突变，项目进度严重滞后，最终未能按期结项，导致公司损失惨重。小李因此被领导严厉批评，甚至面临被调岗的风险。他深感自责，认为这次失败完全归咎于自己的无能，开始怀疑自己的职业能力与价值，整日沉浸在焦虑与自我否定中，生活质量显著下降。

在之后的交谈中，我感受到小李的认知偏差在于将项目失败的全部责任揽到自己身上，过分夸大个人失误对整体结果的影响。因为当时他力挺要将一款新的技术应用到项目中，项目失败之后他反复提及这件事可能耽误了项目进度。这种对完美的过度追求、对失败零容忍的心态，以及对自身能力过于苛刻的评价标准，让他忽视了团队协作、市场变动等外部因素对项目成败的影响，将一次职业挫折视为个人职业生涯的彻底失败，导致痛苦情绪被放大。小李的认知偏差还体现在对未来过度悲观的预期上。他认为此次失败将永久性地损害他在公司的声誉，断送其职业前景，这种灾难化的思维加重了他的绝望感。

事实上，项目失败后，领导约谈了我们项目组的所有成员，在与领导的交谈中，我了解到小李的技术实力依然得到业内认可，公司也并未完全否定他的价值，只是期望他能从挫折中吸取教训，调整工作方式。

认知偏差如何导致痛苦

认知偏差常常会将原本普通甚至微不足道的小事看成是足以摧毁一切的大灾难，还擅长制造未来的恐怖景象。哪怕现在一切都好，它也会编织出一系列可怕的可能性，让我们对未来充满恐惧。比如，工作中一个小失误，本来及时改正就好，但在认知偏差的作用下，我们可能会觉得自己一无是处，甚至预见到职业生涯因此走向终结。这种过度解读，就像把一颗小石子看成一座大山，压在我们的心头，给我们带来巨大的心理压力和痛苦。

认知偏差还体现在对问题的错误归因上。当遭遇挫折时，我们容易将责任全揽到自己身上，而忽视外部环境、他人因素的影响，对自己进行过度指责。

认知偏差还有一个"特长"——过滤掉生活中的积极面，只让负面信息占据视野。即使生活中有很多值得感恩和高兴的事情，认知偏差也会让我们选择性忽视，眼睛只盯着那些不顺心、不如意的部分，就像戴了一副只能看见黑色的眼镜，整个世界在我们眼中都失去了色彩，只剩下痛苦和阴郁。

我们如何调整认知以减轻痛苦

1．质疑思维，破除痛苦魔咒

第一，要学会觉察情绪。每当情绪低落、痛苦袭来时，别急着逃避或压抑，而是停下来，好好感受这份情绪，问问自己："我现在是什么感觉？是因为发生了什么事？"把注意力放在情绪本身，而不是被情绪牵着走。

第二，质疑你的想法。痛苦背后往往伴随着一些自动冒出来的念头，比如"我真没用""我永远做不到"等。这时候，你要像个侦探一样，对这些想法进行审查："这是真的吗？有没有证据支持？还有没有其他可能性？"通过理性质疑，找出那些可能扭曲事实的认知偏差。

2．重塑信念，化解内心风暴

第一，收集证据。一旦发现可能的错误认知，就要主动寻找事实依据来验证。比如，如果你总觉得自己很差劲，那就列一列自己的优点和成功经历，看看是否真的"一无是处"。借助多方面信息，帮助自己看到更全面、更真实的自己。

第二，重塑信念，用更积极、更符合实际的语言重新定义问题。比如，将"我注定失败"改为"失败是成功的垫脚石"。通过语言的力量，逐渐调整对事物的认知，让痛苦的"魔咒"逐渐消散。

身体也知道你开不开心——情绪的肢体反应

【身体是诚实的】

试想一下，当你心情愉悦时，是不是嘴角会自然而然地上扬，步伐轻快，连眼神都闪烁着光芒？反过来，当悲伤笼罩心头，你是否会发现自己不自觉地垂下双肩，脚步变得沉重，眼神也失去了往日的光彩？你看，身体就像一本无言的日记，忠实地记录着我们的情绪波动。所以，下次当你想要了解一个人真正的感受时，不妨试着观察他的身体语言，因为那里藏着他最真实的情绪故事。

嘴巴没有说出来的秘密

当我们谈论身体健康时，往往能轻松地说出"最近胃口不太好"，但对于内心的安全感缺失或心理困扰却常常难以启齿。这种现象背后，反映出社会对心理健康的认知偏见以及个体在面对心理问题时的自我保护心理。

世界心理卫生联合会的一项统计数据揭示了一个惊人的真相：高达70%以上的情绪困扰并不会通过言语表达出来，而是会选择以影响身体器官的方式来"消化"自身的情绪压力。也就是说，许多没有说出的秘密，其实早已被身体"说出来"了。

在众多身体器官中，消化系统、内分泌系统以及皮肤是最常"诉说"

情绪压力的三大系统。这些器官默默承受着情绪的冲击，成为情绪的"受害者"。

消化系统被誉为"第二大脑"，与大脑有着紧密的神经联系。当压力、焦虑或抑郁等情绪来袭时，神经系统会向消化系统发送信号，导致肠胃功能紊乱，出现胃痛、胃胀、恶心、腹泻或便秘等症状。长期的精神压力还可能导致或加重胃炎、胃溃疡等消化系统疾病。这些身体症状常常是没有说出的内心压力与情绪困扰的无声表达。

内分泌系统在情绪压力的影响下，其功能会受到影响，导致皮质醇等应激激素水平失衡。长期的高皮质醇水平可能导致内分泌失调，如甲状腺功能异常、糖尿病、月经紊乱等问题。这些内分泌问题，往往是未曾说出的情绪困扰在身体上的"告白"。

皮肤作为人体最大的器官，与情绪有着显著的双向互动关系。负面情绪可引发或加重皮肤问题，如痤疮、湿疹、荨麻疹等，皮肤问题反过来也可能加重情绪困扰，形成恶性循环。皮肤的异常变化，常常是未能说出的情绪困扰在身体上的直观显现。

情绪肢体反应的真相

情绪会有肢体反应，这是因为情绪并非纯粹的心理现象，它与我们的生理系统紧密相连。当情绪被触发时，大脑中的情绪中枢会向自主神经系统发送信号，引发一系列生理反应。例如，恐惧时心跳加速、出汗增多；愤怒时血压升高、肌肉紧绷；喜悦时面部肌肉舒展、嘴角上扬等。这些生理反应是情绪的自然表达，是人类在进化过程中形成的一种生存机制，以帮助我们快速应对环境变化，与他人进行有效沟通。

了解这些关联，有助于我们关注并识别身体所传递的情绪信号，及时进行情绪管理，预防情绪压力转化为身体疾病，同时鼓励我们在适当的时候打开心扉，寻求心理支持与专业帮助，实现身心的真正和谐。

学会倾听身体的声音

1. 定期进行身体扫描，感知内在信号

学会倾听身体的声音，首先要培养对身体状态的敏锐觉察。设定固定的时间，如早晨醒来、午休前后或晚睡前，进行全身扫描，如同扫描雷达般细致地感知身体各部位的微妙变化。从头部开始，逐渐向下移动至脚趾，留意肌肉的紧张程度、关节的舒适感、内脏器官的反应以及皮肤的触感等。特别关注那些感觉不适、疼痛或紧张的部位，它们可能是身体在向你传递某种情绪或需求的信号。

同时，观察并记录身体对不同情境、活动或人际关系的反应。例如，当你在某个特定场合感到紧张时，是否会出现心跳加速、手心出汗、肌肉紧绷等生理反应？这些生理反应是身体在告诉你，它正处在压力之下。

2. 记录身体日记，追踪情绪与生理反应的关联

为了更系统地倾听身体的声音，建议养成记录身体日记的习惯。每天花几分钟时间，记下当天主要的身体感受、生理反应以及触发这些生理反应的情境或事件。例如，写下你在何种情况下感到疲倦、头痛、胃部不适，或者心跳加速、手心出汗等。同时，记录下这些生理反应对应的情绪状态，如焦虑、沮丧、愤怒或喜悦。在记录的过程中，尝试挖掘生理反应与情绪之间的潜在联系。

此外，身体日记还可以帮助你监控身体对不同生活方式、饮食习惯、运动模式的反应。例如，记录下某一天摄入大量咖啡因后的心跳变化，或是坚持一周规律运动后精力水平的提升情况。这些观察将为你提供宝贵的信息，帮助你调整生活习惯，找到更利于身心健康的模式。

读懂情绪前先读懂"我"
——自我对情绪的重要性

【读懂情绪与看导航一样，要清楚自己的定位】

读懂情绪，本质上就是找到自己的情绪定位，理解情绪的起源，识别情绪的信号，调整情绪的路径，从而确保生活平稳前行。在这个过程中，深入理解自我扮演着至关重要的角色，就如同导航系统中的定位功能，它帮助我们明确自己在情绪世界中的位置，理解自我需求、认知评价、价值观与生活目标。只有深入理解自我，才能真正掌握情绪的导航图，无论面对何种情境，都能从容应对，精准驾驭，让情绪成为推动我们前行的助力，而非我们前进的障碍。

我渴望被看见

柳柳是一位全职妈妈，她每天的生活就像一部永不停歇的"家庭剧"。早晨，她要早早起床准备早餐，接着哄娃穿衣、喂饭，再送孩子上学。白天，家里就是她的"战场"，洗衣做饭、打扫卫生、购物，样样都不能落下。晚上，她还要辅导孩子作业，哄睡后还得整理房间，直到深夜才能稍微喘口气。日复一日，柳柳感觉压力非常大。

柳柳的心情就像过山车，一会儿被孩子的笑脸逗乐，一会儿又被孩子的调皮捣蛋气得直冒火。有时候，看着堆积如山的脏衣服和油腻腻的厨房，她会突然觉得生活毫无乐趣，内心充满了抑郁和无助。特别是当丈夫下班回家，看到家里乱糟糟的样子偶尔抱怨几句，或者对她的付出视而不见时，柳柳更是觉得自己仿佛被遗忘在角落，失去了存在的价值。

这一切在柳柳参加了一个心理咨询体验后有了转机。她开始意识到，原来自己的抑郁和无助并非全因家务和育儿本身，而是因为她对自己价值的认定过于依赖外界的认可，尤其是丈夫的肯定，而忽视了自己内心的需求，忘记了还有个人兴趣、成长空间等待自己去发掘。

于是，柳柳决定调整自己的生活重心，她鼓起勇气与丈夫进行了深入的沟通，她诚恳地表达了自己内心的困扰，希望丈夫能更多地参与家庭生活中来，共同分担育儿责任和家务。就这样，她的生活发生了翻天覆地的变化，她不再只是围着锅碗瓢盆转的家庭主妇，而是有了自己的兴趣爱好和学习目标。她发现，原来自己不仅可以做个称职的妈妈，还能成为热爱生活的艺术家。

要清楚自己的定位

柳柳的案例生动地展现了自我认知对情绪管理的重要性。起初，她的情绪困扰源于对自我价值的误判，即过度依赖外部认可来评价自己。这种认知模式使她在面对育儿压力、家务琐事时，将自己的价值完全绑定在他人的评价之上，尤其是丈夫的认可。当现实生活中无法持续获得足够认可时，自我价值感便严重受损，进而产生无助与抑郁情绪。

在逐步认识到自己对个人兴趣和成长需求的忽视时，她开始理解，自我价值并不仅体现在家庭角色和他人的认可上，更在于个人的内在成长与兴趣追求。这一认知调整过程实质上是对自我价值标准的重构，从依赖外部评价转向关注自我内在需求与成长，从而为情绪管理提供了新的视角与参照。

基于新的自我认知，柳柳开始积极寻找个人兴趣爱好，这不仅是对个人需求的直接满足，更是对自我价值的积极构建。通过投入自己喜欢的活动，她找到了生活中的乐趣源泉，提高了生活质量，同时也增强了自我价值感。

持续的学习与成长，则进一步满足了内在的求知欲与进步需求，为个人价值的提升提供源源不断的动力，也有助于抵御外界压力对情绪的负面影响。

我们要如何深入认知自我

1. 自我探索和认知调整

心理测评工具，如MBTI（迈尔斯·布里格斯类型指标）性格测试、价值观量表等，为个体提供了一面认识自我的镜子。通过让测试者回答一系列精心设计的问题，能揭示人们的人格特质、价值观偏好以及应对压力的独特方式。

MBTI性格测试可以帮助我们了解自己在获取信息、做决策、对待生活等方面的基本倾向，如内向还是外向、理性还是感性、计划性强还是能灵活应变等；价值观量表则能揭示我们在生活、工作、人际关系中重视什么，如权力、成就、亲和、公平、美感等。这些信息为我们提供了关于自己的宝贵数据，有助于我们理解自己的行为模式、情绪反应以及决策偏好，从而更好地认识自我。

2. 通过团体分享拓宽视角

在深入认知自我的过程中，与他人分享内心世界、接受他人的反馈与支持，是拓宽自我认知视角、深化自我理解的重要方式。深度对话是一种高质量的沟通形式，它要求双方真诚、开放地分享内心感受、想法与困惑，倾听对方的观点与建议。在深度对话中，我们可以向家人、信任的朋友或心理咨询师袒露自己的内心世界，他们可能为我们提供不同的视角、经验或建议，帮助我们看到自己未曾注意到的方面。

第二章

当快乐来临时（喜）

喜：压不住的嘴角

【嘴角微扬，是喜悦难以掩饰的印记】

在人类复杂而细腻的情感世界中，微笑这一面部表情通常会被理解为喜悦。喜悦这一情绪自古以来便是人类共通的语言，不受地域、文化和时代的限制，而微笑是最具魅力的非言语表达之一。它像一缕和煦的春风，轻轻拂过心田，融化隔阂、拉近距离。无论是在繁华都市的街头，还是在偏远村落的小径，微笑都能被人理解，激发共鸣。

杜彻尼微笑

上文提到过的保罗·艾克曼，他在 20 世纪后期进行了多项有关面部表情与情绪的研究。其中一项关键的实验在 1990 年发表于《人格与社会心理学杂志》上。在这项研究中，艾克曼和他的团队让参与者观看不同类型的电影片段，包括悲剧和喜剧，他们利用精细的面部肌肉编码系统，详细记录下观看不同影片时参与者的面部表情变化。

特别值得注意的是，当参与者观看喜剧片，即那些旨在引发快乐和喜悦情绪的片段时，他们的脸上出现了"杜彻尼微笑"。这种微笑的特点是眼角周围的肌肉（眼轮匝肌）收缩，导致眼睛周围出现细微的皱纹，同时伴随着嘴部的向上拉伸。这种微笑被认为是更真诚、源自内心的微笑，因为它难以自主控制，通常与真正感受到的喜悦情绪相关联。

相比之下，那些仅仅通过嘴部肌肉（如提颧肌）运动形成的微笑，虽然看起来几乎相差无几，但由于缺乏眼部的参与，因此往往被视为不真实或社交性质的微笑。艾克曼的研究强化了这样一种观点：杜彻尼微笑与更深层的、真实的积极情绪状态紧密相连，尤其是喜悦。

这一现象的普遍性揭示了微笑作为人类情感表达的一种基本代码，其超越了文化和地理的界限。它表明，在人类的情感交流中，存在着一种跨越人种的共同语言，一种无须借助文字或声音就能传达情感的方式。微笑，作为这种语言的核心元素，它的力量在于能够瞬间拉近人与人之间的距离，消除陌生感，建立初步的信任。

微笑的力量

微笑，作为一种情绪表达，通常是内心喜悦、友好或放松状态的外在显现。它涉及嘴唇的向上弯曲、脸颊的提起，有时还伴随着眼睛的微眯，传递出一种温暖和接纳的信号。

从心理学角度来看，微笑不仅是一种情绪反应，也是一种社交工具。它能降低对方的防备心，促进信任感的建立；同时，微笑还能激活大脑中的奖赏中心，促进内啡肽的释放，使双方都感受到愉悦，形成正向情绪的循环。

学会运用微笑的力量

1. 真诚为先，主动微笑

主动微笑能够打破初次见面的尴尬，减少社交障碍，促进更顺畅的交流。需要注意的是，你要确保你的微笑是发自内心的。真诚的微笑能够建立起信任感，让人感觉到你的友好和温暖，是建立深层次关系的基石。

将真诚与主动微笑相结合，可以在人际交往中创造出强大的正面效应。真诚的微笑使人感到被尊重和被理解，主动的微笑则可以打破隔阂，促进更深层次的交流。在商业谈判中，它能帮助双方建立信任，促成合作；在日常生活中，它能增进友谊，营造和谐氛围。记住，每一次真诚且主动的微笑，都是在为自己和他人的情感账户存款，累积着人与人之间的信任与温暖。

2．用微笑应对挑战

当你面对压力巨大的任务或不可预知的困难时，尝试先给自己一个微笑。这个微笑虽小，却能神奇地启动内在的心理机制，帮助你从紧张和恐惧的情绪中抽离出来，转变为更加冷静和积极的心态。它是一种积极的自我暗示，提醒你有能力面对并克服当前的挑战。

微笑能够刺激大脑释放内啡肽。内啡肽是一种自然的化学物质，能带来愉悦感，减轻疼痛和压力。当你选择在逆境中微笑时，实际上你是在主动调节自己的情绪，用积极的情感替代消极的情感，从而增强内在的抗压能力，让心情变得更加轻松和乐观。

在团队合作或与人交往中遇到困难时，微笑能传递出你的态度和合作意愿，减少误解和冲突。它是一种无声的语言，告诉周围的人："我虽然面临挑战，但我有信心，我们能一起解决。"这样的态度能够激发团队的正能量，促进更有效的沟通与协作。

从"人生四大喜"说起——满足带来快乐

【满足感滋养内心，构筑生活中的幸福基础】

在中国传统文化中，"人生四大喜"是一个广为人知的概念，它概括了人生中最令人欢欣鼓舞的四个时刻，分别是：久旱逢甘霖、他乡遇故知、洞房花烛夜、金榜题名时。这四个场景不仅反映了古人对于幸福的理解，也深刻体现了"喜"这一情绪在不同人生阶段的体现和价值。

人生四大喜事

在一个干旱已久的古老乡村，庄稼枯黄、井水渐干，村民们日夜祈雨。终于，一场期盼已久的及时雨从天而降，滋润了干涸的土地，也滋润了村民的心田。孩子们在雨后的清新空气中奔跑嬉戏，大人们则聚在一起，畅想着今年的好收成，每个人的脸上都洋溢着欣慰与希望。这就是"久旱逢甘霖"，它象征着困境中的转机和希望，不仅是对自然恩赐的感激，也是对生活困境中不放弃希望、终将迎来转机的信念的颂扬。这种喜悦源于对生活的坚持与对自然的敬畏，是历经艰难后收获的甘甜。

宋代文人苏轼被贬至偏远的岭南，一日，在市集偶遇多年未见的同窗好友。异乡的孤独与思乡之情，在这一刻被突如其来的相遇冲淡。两人在简陋的茶馆中畅谈过往，分享彼此的近况，仿佛回到了年少求学的时光。这份在他乡的偶遇，不仅带来了情感上的慰藉，也为各自漂泊不定的生活增添了一份温暖和力量。这就是"他乡遇故知"，它展现的是人与人之间深厚的友情和归属感，这种喜悦源于在陌生环境中突如其来的亲切感和认同感，是旅途中的一盏明灯，会照亮孤独的心灵。

在古代，一对新人经过父母之命、媒妁之言，终于迎来了他们的大喜之日。在红烛摇曳、喜乐盈庭的洞房中，新郎轻轻挑起新娘的红盖头，两人目光交汇，满含羞涩与喜悦。这一夜，是爱情的见证，也是新生活的开始，所有的祝福和期待都在这对新人身上凝聚，化作无尽的甜蜜与憧憬。这就是"洞房花烛夜"，它代表了婚姻的幸福和家庭的成立。结婚不仅是两个人的结合，更是两个家庭的联姻，这种喜悦源于对美满生活的向往和对传宗接代的重视，是人生旅程中一个重要的转折点。

在古代科举制度下，十年寒窗苦读的学子们梦寐以求的便是能在科举考试中脱颖而出、金榜题名。春榜揭晓，一名寒门子弟的名字赫然在列，消息传来，他的家乡转眼间便被热闹的氛围笼罩，家人为之骄傲，邻里为之欢呼。这名学子跃入龙门，象征着知识改变命运和努力终得回报的喜悦，不仅关乎个人的荣誉和成就，也是家族乃至地方的荣耀，这种喜悦源于文化价值对个人成长的深刻影响和对社会流动性的渴望。

知足常乐

我们常说"知足常乐"，这四个场景也恰恰验证了满足带来的喜悦。喜悦，这一温暖而明亮的情绪，不仅是一种短暂的情感表现，更是心灵深处对生活肯定的反映。马斯洛的需求层次理论恰如其分地描绘了这一过程，从生理需求到自我实现，每一层需求的满足都是通往更高层次幸福的阶梯。在这个过程中，个人的努力被看见，价值得以实现，进而产生深刻的满足感。

生活中的"小确幸"，是那些虽小但确切的幸福时刻。它们或许不起眼，却如同点点星辰，汇聚起来照亮我们的生活。关注并珍惜这些瞬间，是培养内在喜悦的有效方式。无论是家人的笑脸、朋友间的温馨对话，还是完成一件小任务的成就感，都是构成生活幸福感的宝贵元素。

进一步来说，知足的心态促使我们不再盲目追求外在的浮华，而是转向内在的探索和自我成长。它教会我们重新定义成功与幸福，认识到幸福是一种主观的感受，源自我们对现有生活状态的认同和欣赏。当我们学会了在简单和平凡中寻找美，就能在生活的每个角落发现喜悦，体会到知足常乐的真谛。

如何培养喜悦，拥抱满足

1. 设定切实可行的目标

目标设定是激励自我、体验成就感的重要途径。目标设定要遵循"SMART"（具体、可衡量、可达成、相关性、时限性）原则。每当完成一个小目标时，不妨给自己一些奖励，庆祝这份成就感。这种正面反馈会逐步积累成强大的满足感和喜悦。

2. 自我接纳，培养内在价值感

接受自己的不完美，认识到每个人都有缺陷。接受自己的不完美是通往内心平和的关键一步。在这个快节奏且竞争激烈的社会里，我们很容易陷入与他人比较的陷阱，而忽略了自己的独特价值和已取得的进步。认识到每个人的成长路径各不相同，有助于我们减少不必要的自我批评，转而用更加宽容和鼓励的态度对待自己。与其自责不已，不如把精力放在个人成长和改进上，学会与自己和解。

真实的喜悦——快乐的真伪

【探求快乐本质，识伪存真】

现代社会的快节奏与数字化生活方式往往催生了一种错觉，即快乐是可以量化和展示的。人们频繁地在社交媒体上分享着光鲜亮丽的瞬间，试图以此来证明自己的幸福。然而，真正的喜悦是否也能如此轻易地被捕捉和展示？苏格拉底有言："未经审视的人生是不值得过的。"同样，未经审视的快乐也可能只是表面的泡沫。

你不是真正的快乐

小王是我的一位朋友，作为一名年轻的职场新人，他的收入虽不算丰厚，但对环保理念有着极高的认同感。近年来，新能源汽车以其环保、智能的特性在社会上引起了广泛关注，小王自然也被深深吸引了。每当他看到同事们驾驶着最新款的新能源车进出公司停车场，那份科技感和环保先锋的形象让他心动不已。

终于，一款刚上市的高端新能源车型吸引了他的注意，这款车不仅外观设计前卫，而且续航里程长、智能化配置齐全。在多次线上、线下了解和试驾后，小王被其广告宣传和社交媒体上车主们的积极反馈彻底说服。尽管价格远超出了他的预算，但在"早买早享受"和"为环保投资"的双重驱动下，小王贷款购买了这款新能源车。

刚提车的那几周，小王确实享受到了前所未有的快乐。他喜欢在周末开车到郊外，享受驾驶的乐趣，同时享受旁人投来的美慕眼光。他也在社交媒体上分享了不少与新车的合影和驾驶体验，收获了众多点赞和评论，他感受到社交地位有了前所未有的提升。

随着时间的推移，这种新鲜感逐渐减弱。小王开始意识到，每月的车贷成为他不小的经济负担，特别是在遇到意外支出时，这种压力更加明显。此外，新能源车充电不便的问题也开始显现，尤其是在长途旅行时，找充电桩和充电时间长的不便让他感到困扰。而他原本期待的智能驾驶辅助功能，在实际使用中并没有那么顺手，偶尔还会出现小故障，增加了额外的维修成本。

更让他感到空虚的是，当新的消费热点出现时，朋友们的关注点迅速转移，那辆曾经让他引以为豪的汽车也不再是话题的中心。小王开始反思，自己是否被消费主义驱动，购买了超出实际需要的产品。他意识到，虽然拥有一辆新能源车符合他的环保理念，但过度消费却违背了简约生活的初衷。他开始后悔没有更理性地考虑自己的经济状况和实际需求，没有充分评估长期的使用成本和维护问题。

什么是真正的喜悦

真正的喜悦就像是心里的一股暖流，它来自你真心喜欢做的事情，比如帮助别人、学习新技能或者和家人朋友度过亲密时光。这种感觉不依赖你有多少钱，或者别人怎么看你。就像一个老师，虽然工资不多，但看到学生们一点点进步，心里那份成就感和快乐是长久的，深刻的。

相比之下，表面快乐就像是吃一颗糖，刚放到嘴里甜滋滋的，但很快就没了味道。有人可能因为买了个名牌包包或者在朋友圈发了张美美的照片，得到了很多赞，那一刻她很开心。但这种开心很快就过去了，接下来可能还会担心下个月的信用卡账单，或者总想着下次要怎样才能得到更多的赞。这

种快乐是外界给的,不是自己心里长出来的,所以不够结实,也不能够长久。

真正的喜悦往往植根于更深的内心体验之中,它包含着对生活的深刻感悟、对自我价值的认识以及与他人之间真诚的情感联系。这种喜悦难以被简单的图像或文字完全捕捉,因为它是一种流动的、多层次的情感体验,涉及个人的内在成长、心灵的平和以及对周围世界的深刻感知。

如何寻觅与培养真实的喜悦

1. 追求更高层次的需求

为了追求真实的喜悦,我们需要不断地挑战自我,实现自我价值。挑战自我是成长和进步的关键。当我们不断地走出舒适区,尝试新的事物时,我们的大脑会经历新的刺激和学习过程。追求个人兴趣也是实现自我价值的重要途径。当我们全身心地投入自己热爱的活动中时,我们能够体验到一种纯粹的喜悦和满足感。通过自我实现,我们不仅能够获得成就感,还能感受到生命的意义和目的。

2. 减少物质追求

在追求真实喜悦的过程中,我们需要意识到物质追求并不能带来持久的满足感。相反,过度追求物质可能会让我们陷入无尽的欲望和焦虑之中。因此,减少物质追求是寻觅和培养真实喜悦的重要一步。

通过简化生活,我们可以减少对物质的追求和拥有,从而丰富我们的精神生活。这可以包括减少物质的购买和拥有、通过捐赠或分享来丰富我们的生活,以及专注于我们的真正需求而不是对物质的渴望。

为什么会"喜极而泣"

【喜极而泣——情绪高潮下的生理与心理交织】

在人生的旅途中，我们总会遇到那些令人欢欣鼓舞的瞬间，它们如同璀璨的星辰，点亮我们内心的宇宙。然而，你有没有发现，有时候，当我们处于极度的喜悦之中，泪水会不自觉地滑落？这种"喜极而泣"的现象，似乎与我们对喜悦的认知相悖。有人说："眼泪是女人最原始的武器，也是男人无法抵抗的、最厉害的武器。"但在这里，眼泪并非武器，而是情感最真挚的流露。那么，为什么我们会在最快乐的时刻流泪呢？

特别的时刻

在人生的道路上，总会有一些特别的时刻，让我们感到无比的激动和欣喜。对我而言，那个特别的时刻就是当我得知自己考上了理想大学的那一刹那。那一刻，我体验到了喜极而泣的情感，那是一种深深的、无法言喻的喜悦。

记得那个夏天，高考像是漫长的马拉松终于跑过了终点，留下我站在那里，喘息未定，心中五味杂陈。等待成绩的每一天，都像是一场内心的拉锯战，期待与忐忑交织，梦想与现实的重量让我几乎难以承受。直到那天，阳光正好，手机屏幕上闪耀夺目的数字，像是突然绽放的烟火，映亮了我的世界——我考上了那所梦寐以求的大学。那一刻，我感觉自己仿佛置身于一个梦幻般的世界。我兴奋地跳了起来，大声地呼喊，仿佛要将这份喜悦传递给周围的每一个人。我跑进厨房告诉正在忙碌的母亲，母亲愣了愣，随即两人紧紧拥抱在一起，就在那一刹那，我的眼泪不受控制地流了下来。

在心理学领域，有一个著名的实验，叫作"情感诱发实验"，这个实验试图通过模拟各种情感场景来观察人们在不同情绪状态下的生理反应。在这个实验中，研究人员设置了一个意外的惊喜环节，让参与者在毫无准备的情况下获得了一份意外的奖励。不出所料，大多数参与者在接到这份奖励时都表现出了极度的喜悦，其中不乏一些人流下了幸福的泪水。

这些参与者在事后分享自己的感受时提到，他们从未想过自己会因为喜悦而流泪。他们觉得这是一种奇妙的体验，仿佛自己的心灵在这一刻得到了彻底的释放和升华。

此外，科学家们还发现，流泪不仅是情感宣泄的一种方式，它还具有一定的健康益处。流泪可以帮助我们清洗眼球表面的细菌和灰尘，减轻眼睛的疲劳感。同时，通过流泪，我们还可以释放掉一些压抑在心中的负面情绪，使自己感到更加轻松和愉悦。

身心压力的释放

"喜极而泣"这一现象，实际上揭示了情绪与生理反应之间的复杂关系。当我们处于极度的喜悦之中时，我们的身体会产生一系列的生理变化，如心跳加速、血压升高、呼吸加深等。这些生理变化会进一步刺激我们的神经系统和内分泌系统，使我们产生更加强烈的情绪体验。流泪，则是这种强烈情绪体验下的一种自然反应。

从心理学的角度来看，"喜极而泣"与我们的情感压抑和释放有关。在日常生活中，我们可能会因为各种原因而压抑自己的情感，如工作压力、家庭矛盾等。当这些压抑的情感在某一刻得到释放时，我们就会产生一种强烈的情感冲击，从而流泪。此外，流泪还可以帮助我们与他人建立更深层次的情感联系，增强彼此之间的亲密感和信任感。

如何正确地理解和应对"喜极而泣"

1. 接纳并理解自己的情感

我们需要认识到流泪是一种情感的表达方式，而非软弱的象征。在人类的情感世界中，喜悦和悲伤、愤怒、惊讶一样，都是正常且必要的情感体验。"喜极而泣"的时刻是人生中难得的体验，我们要接纳并理解这种情感的自然流露，不要刻意去压抑或掩饰。试着去感受内心的激动和幸福，品味这份喜悦所带来的美好感觉。同时，我们也要意识到这份喜悦背后所付出的努力和坚持，这将会让我们更加珍惜这份成果。

2. 分享你的喜悦

与亲朋好友分享你的喜悦是一种非常美好的体验。他们能够理解你的情感，与你一同庆祝这个特殊的时刻。在分享的过程中，你不仅能够传递你的快乐和幸福，而且能够加深与他们的情感联系。此外，通过社交媒体等渠道与更多的人分享你的喜悦之情，也是一种积极的情感表达方式，能够传递正能量和温暖。

快乐的至高境界——付出带来快乐

【赠人玫瑰，手有余香】

在忙碌的都市生活中，我们时常被各种压力和烦恼困扰，追求着外在的成就和物质的满足。然而，当我们回首过去，真正让我们感到内心充实和满足的，往往是那些无私付出的瞬间。

没什么，助人为乐嘛

在我们的小区里，有一位深受大家喜爱的老人，大家都亲切地称他为"王大伯"。王大伯最大的爱好是每天没事在小区和周边溜达。小区许多住户和小区周边的商铺老板都认识王大伯，不仅是因为他经常溜达串门，更重要的是，他以乐于助人的品质受到了大家的尊敬和爱戴。

有一次，小区里的一个孩子不慎走失了，家长们焦急万分，四处寻找。正在四处溜达的王大伯知道这件事后，立刻帮忙寻找。他利用自己熟悉小区和周边环境的优势，很快就找到了那个走失的孩子。家长们对王大伯的感激之情溢于言表，而王大伯只是微笑着摆摆手，说："没什么，助人为乐嘛。"

小区的门口有一个排水井，因为排水系统年久失修，一到下雨就会堵塞，导致路面上积水严重。每到这时，就会看见一手撑着伞一手拿着木棍的王大伯，顶着大雨清理排水口的淤堵。雨水打湿了他的衣服，泥水溅满了他的裤腿，但他却毫不在意，一心解决积水问题。当路过的行人称赞他的热心之举时，他又说起他的口头禅——"没什么，助人为乐嘛。"

王大伯还是小区里的"义务修理工"。无论是谁家的电器出了问题，还是水管漏水，只要找到王大伯，他总能迅速找到问题所在并帮忙解决。他的手艺精湛，而且从不收取任何费用。每次有人向他道谢，他总会摆摆手，笑着说："没什么，助人为乐嘛。"

这些小事只是王大伯乐于助人的冰山一角。在小区居民的眼里，他就是一个"活雷锋"，总是默默地为他人付出，从不求回报。每当有人问他为什么总是这么乐于助人时，他总会微笑着说："没什么，助人为乐嘛。"这句话已经成了他的口头禅，也成了我们小区居民之间传颂的佳话。

付出为什么会带来快乐呢

什么是付出带来的快乐呢？简单来说，就是通过为他人付出时间、精力、关爱等，而获得的一种内心满足和快乐。这种快乐并非来自外界的认可或物质回报，而是源于我们内心的善良和关爱。当我们为他人付出时，我们不仅在物质上给予了他人帮助，更在精神上给予了他人支持和鼓励。这种付出让我们感受到自己的价值和意义，从而产生了深深的满足感和快乐。

那么，为什么付出会带来快乐呢？从心理学的角度来看，这是因为付出能够满足我们的自我实现需求。当我们为他人付出时，我们实现了自己的价值，感受到了自己存在的意义。这种自我实现的过程让我们内心充满了满足和快乐。同时，付出还能够增强人与人之间的情感联系。当我们为他人付出时，我们与他人建立了深厚的情感纽带。这种情感纽带能让我们感受到他人的关爱和支持，从而增强我们的归属感和认同感，给我们带来内心的满足和快乐。

tips

如何才能体验到付出带来的快乐

1．勿以善小而不为

我们要培养自己的善良和关爱之心，要时刻关注他人的需求和感受，学会倾听和理解他人。只有当我们真正关心他人时，才会愿意为他人付出。付出并不一定要做大事，可以从身边的小事做起，比如帮助同事解决问题，为家人分担家务，在社区做志愿者等。这些看似微不足道的小事同样能够让我们体验到付出带来的快乐。

2．持续付出，珍惜付出

付出是一个持续的过程，我们不能期望一次付出就能带来永恒的快乐。我们要将付出作为一种习惯，持续地为他人付出。只有这样，我们才能不断体验到付出带来的快乐。在付出的过程中，我们要珍惜每一个瞬间，不要过于关注结果或回报，而是要享受付出的过程。当我们全身心地投入付出的过程中时，我们会感受到一种内在的满足和喜悦。这种满足和喜悦才是付出带来的真正快乐。

快乐的反面是乐极生悲

【过度的欢乐，往往隐藏着悲伤的种子】

"人生得意须尽欢，莫使金樽空对月。"古人的诗句虽豪情万丈，却也暗含了"乐极生悲"的哲理。情绪如同潮水，高涨之时要乘风破浪，退去之际也要防止搁浅。所以，我们不仅要学会如何享受快乐的时光，更要警惕快乐过度可能带来的负面效应。

金榜题名时的悲伤

"金榜题名"本来是人生四大喜事之一，但是也有一个耳熟能详的故事告诉我们乐极生悲的道理。

在中国古代科举制度的背景下，无数读书人怀揣着改变命运的梦想，踏上了漫漫的科举之路。范进便是这些读书人中的一员。他出身贫寒，自幼便展现出对学问的渴望和执着。然而，科举之路并不顺利，范进屡试不第，遭受沉重打击。他被岳父轻视，而且家中竟到了无米下锅的地步。

就在范进下定决心放弃时，他中举的消息传来，范进也从一个默默无闻的读书人变成了众人瞩目的焦点。他的家中挤满了前来祝贺的乡亲，他们纷纷送上贺礼和祝福，而此时，范进还在集市上抱着家中下蛋的母鸡打算换钱买米。报喜的邻居去集市喊他回家，他还是一脸的难以置信。直到回到家中看见圣旨上写着自己中举的内容，他仰天大笑，直呼："中了！我中了！"

然而，这种巨大的快乐并没有持续太久。范进多年压抑着，期望着，终于获得成功，内心所承受的压力和喜悦瞬间爆发出来。他无法控制自己的情绪，陷入了极度的兴奋和激动之中。他开始变得疯狂，举止怪异，甚至出现了幻觉。

范进中举的故事深刻地揭示了乐极生悲的道理。当我们在经历长时间的挫折和失败之后，一旦获得成功和荣誉，很容易因为过度的兴奋和激动而失去自我控制。这种极端的情绪状态不仅会对我们的身体造成巨大的伤害，还会让我们在成功的瞬间陷入极度的悲伤之中。

不恰当的心理预期

"乐极生悲"是一种情绪极端化的表现。这种极端化的情绪不仅会对个人的心理健康造成严重影响，还可能导致极端行为的出现。与之对应的是心理学中的"心理摆效应"，指在特定背景的心理活动中，感情的等级越高，呈现的"心理坡度"就越大，因此也就很容易向相反的情绪状态进行转化，即如果此刻你感到兴奋无比，那相反的心理状态极有可能在另一时刻不可避免地出现。这一情绪现象，不仅揭示了人类情感的复杂性和脆弱性，更深刻地反映了心理预期与情绪调节能力在个体情感波动中的关键作用。

首先，心理预期在"乐极生悲"中扮演着核心角色。人们往往会对未来抱有一种理想化的期待和憧憬，这种预期可能源于个人经验、社会影响或是内心深处的渴望。当人们经历了一段不好的时光后，对现实的期望逐渐降低，突如其来的喜事，可能会加大现实与期望的差距，使得情绪滑向另一个极端。正如范进的故事所示，由于范进在中举前长期处于一种负面的心理状态，并积累了大量的挫折感，当这种积累的情绪与突如其来的巨大喜悦相结合时，他的心理摆效应达到了一个临界点。当这种极端的快乐无法持续，或者他无法适应这种巨大的心理落差时，他的情绪便迅速滑向了相反的极端——悲伤和绝望，最终导致了他发疯。

其次，情绪调节能力是影响"乐极生悲"的另一重要因素。在快乐的顶峰，大脑中的多巴胺水平会急剧升高，这种神经递质负责传递快乐和满足感。然而，过度的快乐会导致情绪调节能力的下降，使得个体在面对挫折时难以有效地调整自己的情绪。在范进的故事中，他由于长期受到挫折和压抑，一旦获得成功，内心的喜悦和兴奋就如同洪水猛兽般难以控制，最终导致了他情绪失控、行为失常。

最后，"乐极生悲"还与人的自我认知和自我接纳能力密切相关。当一个人过于依赖外界的评价和认可时，他就容易在成功时过于自满和得意忘形，在失败时则陷入深深的自我怀疑和否定。这种不稳定的自我认知会使个体在面对情绪波动时更加脆弱和敏感。

如何避免"乐极生悲"

1. 保持情绪稳定

我们在面对成功和荣誉时，需要保持冷静、理智的心态。我们要明白，成功只是人生道路上的一个阶段，而不是终点。

2. 合理设定预期

在追求目标时，要合理设定自己的预期。不要过于乐观或悲观，而是要根据实际情况做出合理的判断和决策。我们要深入了解自己的能力、兴趣、价值观和目标，明确自己的长处和短处，了解自己的需求和动机，这有助于我们确定自己真正想要追求的是什么。目标既不应过于简单，也不应过于困难。过于简单的目标缺乏挑战性，难以激发动力；过于困难的目标则可能难以实现，容易让人放弃，从而产生挫败感。一个适中的平衡点，既能激发潜力，又能保持动力。

第三章

因为存在所以害怕（恐惧）

惧：我不安，我害怕

【恐惧是我们心中的叛徒】

你是否有过这样的经历，在深夜中独自行走时，四周被浓厚的黑暗包围，只能依稀听见自己的心跳声和脚步在空旷街道上的回响声？那种莫名的寒意悄悄爬上脊背，让你不由自主地四处张望，生怕有什么不可名状之物紧跟在后。即使理智告诉你安全无虞，也挡不住寒意透骨。在那一刻，即便是熟悉的环境也变得陌生而充满威胁，每一丝风吹草动都能让你神经紧绷，直至安全抵达目的地，那份紧绷才终得释放。

可怕的监狱游戏

1971 年，在斯坦福大学举行了一场前所未有的社会心理学实验——"斯坦福监狱实验"。菲利普·津巴多教授，这位心理学界的探索者，构想了一个大胆的计划，旨在揭开人性、权力与角色之间的深层秘密。实验场所设在斯坦福大学心理系的地下室，一个经过精心布置的微型监狱，不仅设置了阴冷坚硬的牢房，还设置了戒备森严的看守室，一切设计旨在最大限度地模拟真实的监狱环境。

24 名大学生志愿者被随机分配为"囚犯"和"狱警"的角色，学生们全情

044

投入："狱警"佩戴上墨镜，装束整齐，显得既庄重又权威；"囚犯"则换上简陋的囚服，姓名被编号替代。

然而，随着时间的推移，实验的氛围悄然转变，犹如一场风暴前夕的宁静，紧张而压抑。"狱警"在权力的诱惑下逐渐放纵，从最初的规则执行者变成了规则的扭曲者，他们对"囚犯"施以羞辱、恐吓，甚至设计了一系列夜间"训练"以强化控制。"囚犯"在这样的高压环境下，从抗争到沉默，再到彻底顺从，他们内心筑起了一道道由恐惧砌成的墙，这墙既是保护也是禁锢。

一名"819号囚犯"的学生，原本活泼开朗，却在短短几天内变得沉默寡言，他眼中闪烁着不安与恐惧，似乎在说："我何时才能离开这里？"而"狱警"中，有人开始享受权力带来的快感，他们从规则的守护者变成了规则的创造者，人性的阴暗面在此时肆意生长。

津巴多教授目睹着这一切，内心五味杂陈，他未曾料到，一场实验竟如此生动地揭露了人类行为的脆弱与社会角色的强大力量。实验原计划进行两周，但仅持续六日便随着参与者情绪的剧烈波动与道德争议不得不紧急叫停，以免对志愿者造成不可逆的伤害。

恐惧的高墙

在现实生活中，恐惧无处不在。比如，有些人害怕在公开场合发言，担心自己出错或被人嘲笑；有些人害怕失败，因此选择逃避挑战和竞争；还有些人害怕孤独，总是渴望得到他人的认可和陪伴。这些恐惧或许有不同的原因，但它们都有一个共同点：都在一定程度上限制了我们的生活和成长。

恐惧，如同一座无形却高耸的墙，矗立在每个人的生活路径上，将每个人的生活划分出安全的舒适区与未知的挑战区。这堵墙虽无形，其影响力却真实可感，它以各式各样的形态呈现，限制着人们探索的勇气与成长的步伐。

在公开场合发言的恐惧，是那堵墙上的尖刺，让许多人望而却步。它让清晰的思维在开口之际变得混沌，让自信的话语化为颤抖的呢喃。人们害怕那不完美的瞬间被放大，害怕批评与嘲笑如潮水般涌来，于是选择了沉默，错失了表达自我、影响他人、建立信任的宝贵机会。

我们应当如何克服恐惧

1. 认识并接受恐惧

面对内心的恐惧，首要步骤是勇敢地承认它，而不是躲避它或假装它不存在。每个人心中都会有恐惧，这很正常，关键在于我们要敢于正视它，愿意像侦探一样探究它背后的原因。它是来自我们过去的经历、对未来的不确定性，还是对失败的担忧？只有深入了解恐惧的根源，我们才能逐步解开它对我们生活的束缚，让我们向着更加自由和勇敢的生活迈进。

2. 逐步面对恐惧

不要试图一下子克服所有的恐惧，而是要循序渐进地面对它们。刚开始时，不妨先从较小的、容易掌控的步骤开始。如果公开演讲让你害怕，可以从对着镜子练习开始，再到在家人面前演练，渐渐地参与小型聚会的发言，最后挑战更大的场合。每一步的成功都是对自信的累积，能让你逐步构建起面对更大挑战的勇气和能力。如此步步为营，你会发现，那些曾经看似不可逾越的恐惧高墙，已在不知不觉中被一一跨越。

人类天生就懂得恐惧

【恐惧是一把双刃剑】

人类天生就懂得恐惧，这是我们的本能，也是我们生存的关键。从远古时代起，恐惧就如同一把双刃剑，既是我们面对未知危险的警示灯，也是我们探索世界时不可或缺的防护罩。它让我们在黑夜中保持警觉，在危险来临时迅速做出反应，保护我们免受伤害。

然而，在现代社会，恐惧却常常成为我们前进道路上的绊脚石。它让我们在机会面前犹豫不决，在挑战面前退缩不前，甚至让我们在内心深处陷入无尽的焦虑与恐慌。

密室逃脱之夜

引发恐惧的因素有很多，可以是危险、是未知，是自己的心理因素。

那是周五的晚上，我和几个好友决定去体验一次刺激的密室逃脱游戏。我们一行四人，兴致勃勃地来到了那家新开的密室逃脱中心。

刚进入店内，就被那种神秘而紧张的氛围包围。我们选了一个难度适中的密室——"惊魂之夜"。工作人员简单介绍了游戏规则后，就把我们领进了一个昏暗的房间。随着房门"咔嚓"一声关上，我们的冒险之旅就此开始。

一进入密室，我们就感受到了那种恐怖的氛围。微弱的灯光在角落里闪烁，伴随着奇怪的声音，仿佛随时有什么可怕的东西会跳出来。我们四人紧紧靠在一起，试图从那些看似杂乱的线索中找到出路。

随着时间的推移，我们渐渐发现这个房间的秘密。墙壁上的壁画似乎隐藏着某种信息，书架上的书籍排列着某种规律。然而，每当我们以为找到了答案，却又会被新的谜题困扰。随着一次次的挫折，一个队友直接放弃解谜，这让大家的心态越发紧张起来。

未知、惊吓、队友的尖叫，恐惧感逐渐弥漫在我们心头。我们不知道下一个转角会遇到什么，也不知道这个大楼里到底隐藏着什么可怕的秘密。

经过一个小时的艰难探索，我们终于找到了通向自由的出口。当我们走出那个房间，回到明亮的世界时，我们都长长地松了一口气。

恐惧的真相

从本能的角度来看，恐惧深深地植根于我们的生物性和进化历程中。恐惧不仅是一种情绪反应，更是一种与生俱来的生存机制，它在我们面对潜在威胁时发挥着至关重要的作用。

首先，恐惧是生物体对危险的一种本能反应。这种反应在生物界中普遍存在，无论是人类还是其他动物，在面对潜在的威胁时都会表现出类似的恐惧反应。这种反应有助于生物体迅速识别并应对危险，从而保护自己免受伤害。

其次，恐惧的本质在于它帮助我们识别威胁并做出反应。当我们面临威胁时，大脑会迅速评估形势并释放出一系列激素，如肾上腺素和去甲肾上腺素，这些激素使我们进入"战斗"或"逃跑"状态。在这种状态下，我们的身体和心理都会做好应对危险的准备，例如提高警觉性、增强反应速度和力量等。

最后，恐惧也具有复杂性。在某些情况下，恐惧可能会被过度激发，导致我们产生不必要的担忧和焦虑。这种过度的恐惧不仅会影响我们的生活质量，还可能引发一系列的心理问题，如焦虑症、恐惧症等。此外，恐惧也可能受社会和文化因素的影响。例如，我们对某些事物的恐惧可能是由社会习俗、宗教信仰或文化传统所塑造的。

总的来说，恐惧作为一种本能反应，在我们的生活中发挥着重要的作用。它使我们能够识别并应对潜在的威胁，保护我们免受伤害。然而，我们也需要注意避免过度激发恐惧，减少其对我们造成不必要的困扰和伤害。因此，我们应该学会正确地面对和处理恐惧，使其成为我们生活中的一种积极力量。

如何才能减少恐惧带来的伤害

1. 尝试从积极的角度看待恐惧

恐惧通常与未知和不确定性相关。如果我们能将恐惧视为一个需要克服的挑战，那么我们会更有动力去面对它。这种挑战性思维可以激发我们的勇气和创造力，帮助我们找到解决问题的方法。

成长型思维认为，困难和挑战是成长的机会。当我们从积极的角度看待恐惧时，我们可以将其视为一个成长的机会。通过克服恐惧，我们可以增强自己的勇气、自信和应对能力，这些都是我们在生活中非常宝贵的品质。

2. 避免过度关注恐惧，以减少其产生的负面影响

当我们感到害怕时，可以尝试将注意力转移到其他事情上，这样可以帮助我们减少对恐惧的关注，从而减轻其负面影响。例如，当我们感到紧张或不安时，可以去做一些自己喜欢的事情，如阅读、运动或听音乐。

失控让人感到焦虑

【失控诱发焦虑，寻求稳定策略是关键】

设想一下，你计划八点出门办事，半夜邻居家大声的音乐使你失眠，第二天你醒来的时候已经是八点半了，这时候你急匆匆地收拾出门，赶到车站却发现手机和钥匙落在了家里。你开始焦虑，担心自己的计划无法按时完成，担心自己接下来还会"倒霉"。这种焦虑感让你神经紧绷甚至头疼起来，仿佛整个世界都在与你作对。

在生活中，我们时常会遭遇那些让我们措手不及的瞬间。当一切变得失控，焦虑感如同潮水般涌来，将你淹没在无尽的恐惧之中。想做点什么来补救，又发现做什么都改变不了已经发生的事情，你的思维开始变得混乱，无法集中注意力，甚至开始产生幻觉。

失控的"野马"

在我的职业生涯中，我曾有幸与小马并肩作战，一同面对各种挑战。他是我们的项目经理，聪明、勤奋，总是能迅速捕捉到问题的核心，并提出切实可行的解决方案。然而，在那次关键的项目冲刺阶段，小马却遭遇了前所未有的困境。

这个项目对小马来说意义非凡，它不仅是公司年度计划的重中之重，更是他个人职业生涯的一次重要考验。然而，事情的发展并未如他所愿。供应商的交货时间一再拖延，团队成员之间出现了严重的分歧，客户需求频繁变动。这些问题让小马感到自己仿佛置身于一片混乱的旋涡之中，失去了对项目的掌控。

小马逐渐从原来的从容不迫、游刃有余变得焦虑、暴躁。他每天忙碌于处理各种突发状况，与各方沟通协调，但效果甚微。他的眼神中充满了疲惫和无奈，仿佛被一座无形的大山压得喘不过气来。

为了缓解焦虑，小马开始加班加点地工作，试图通过努力来弥补失控带来的损失。然而，过度的劳累并没有让他的情绪好转，反而让他更加失控。他的身体开始频繁出现各种不适，头痛、失眠、食欲不振等症状。他的心理健康也受到了严重的影响，变得易怒、暴躁，与家人和同事的关系也变得紧张。

此时的小马，已经不再是我们熟悉的那个项目经理。他像一匹失控的野马，在困境中挣扎、咆哮，试图找到一条出路。然而，他越是挣扎，越是感到无助和绝望。

我看着小马的变化，心里感到十分沉重。我尝试与他交流，希望能够给他一些支持和鼓励。我们坐在公司楼下的咖啡馆里，他向我倾诉了他的困扰和焦虑。然而，我知道，真正的解决之道并不在于我的建议，而在于小马自己。他需要找到一种方式，让自己从失控的状态中走出来，重新找回对项目的掌控感。

随着时间的推移，我们的项目逐渐走出了困境，问题得到了解决，团队的凝聚力得到了增强，小马的焦虑情绪也逐渐得到缓解，他重新找回了内心的平静和自信。

失控如何引发焦虑

失控这个让人不安的情绪状态，往往源于一系列复杂的因素。对于小马而言，他的失控感主要来自项目本身的复杂性和重要性、团队成员之间的分歧和矛盾、客户需求的频繁变动以及个人的心理压力。

当我们感到无法掌控局面时，内心的恐惧和不安便如同潮水般涌来，让我们陷入深深的焦虑之中。失控带来的焦虑，不仅影响我们的心理健康，还可能对我们的工作和生活造成负面影响。

那么，为什么失控会让我们感到如此焦虑呢？从心理学的角度来看，失控意味着我们对未来的不确定性和风险的感知增加。当我们无法预测和控制事情的发展时，我们的大脑会释放出大量的应激激素，如皮质醇和肾上腺素。这些激素会让我们感到紧张和焦虑，并影响我们的决策和行为。

此外，失控还可能让我们感到无助和绝望。当我们意识到自己的能力和资源无法应对当前的挑战时，我们可能会陷入无助的境地，这种无助感会进一步加剧我们的焦虑情绪，让我们陷入恶性循环中。

寻求稳定的策略

1. 接受并正视失控

我们首先需要认识到失控是生活中不可避免的一部分。接受这个事实，并正视自己的感受，是应对焦虑的第一步。不要试图逃避或否认失控的存在，而是要勇敢地面对它，寻找解决问题的方法。这样我们才能在事态失控时，让自己的思维保持清晰和理性的状态，更好地分析问题的根源，寻找解决方案。

2. 制定应对策略

在冷静分析的基础上，我们需要制定具体的应对策略。这些策略包括调整计划、增加资源、寻求帮助等。通过制订明确的计划并付诸行动，我们可以逐渐找回对局面的掌控感，从而减少焦虑情绪。当我们无法独自应对失控和焦虑时，可以寻求他人的支持。与亲朋好友分享自己的感受和困扰，或寻求专业的心理咨询师的帮助，他们可以从不同的视角给我们提供建议，帮助我们更好地应对挑战和困难。

"幻想中的灾难"

【担忧是未来的囚徒】

我听过一句十分有趣的话——"担忧就像一把摇椅，它让你有所事事，但不会让你前进半步"。这个说法生动形象地描述了我们很多人的现状。在这个快速变化的时代，我们时常被未来的不确定性困扰，仿佛每一次决策都承载着不可预知的灾难。然而，这种对未来的过度担忧，即我们所说的"幻想中的灾难"，往往成为我们心灵的枷锁，阻碍我们享受当下，追求真正的幸福。那么，什么是"幻想中的灾难"？它为何会如此频繁地出现在我们的生活中？我们又该如何应对这种情绪，找回内心的宁静与自信？

杞人忧天，伯虑愁眠

在古代，有一个杞国人，有一天，他抬头看着天空，突然之间陷入了深深的忧虑。他想："这天空如此高远，如果有一天它塌下来，我岂不是要被压成肉饼了？我该如何是好呢？"这个担忧一旦产生，就如同种子一般在这个杞国人的心中生根发芽，让他无法安心。他开始茶饭不思，夜不能寐，每天都在担忧着天塌下来的事。

这个杞国人的朋友看到他这个样子，感到非常困惑。他们纷纷劝说这个杞国人："天空怎么可能塌下来呢？它那么高远，那么坚固，你完全不用担心。"可是这个杞国人听不进去，他坚信自己的担忧是有道理的。他越来越焦虑，越来越憔悴，最后影响到了他的生活。

与这个杞国人生活在不同时代的伯虑，也有着类似的困扰。伯虑是一个心思细腻、敏感多虑的人，他总是能发现别人看不到的问题，但也因此常常陷入深深的忧虑之中。

有一天晚上，伯虑躺在床上，却怎么也睡不着。他开始担心自己的睡眠问题，担心自己长期失眠会影响健康，甚至导致更严重的后果。这种担忧让伯虑更加难以入睡，他辗转反侧、夜不能寐。第二天早上，他感到疲惫不堪，精神恍惚。可是到了晚上，他又开始重复着同样的担忧和失眠。

伯虑的朋友们看到他这个样子，都非常担心，纷纷劝说伯虑放松心情，不要过于担忧。可是伯虑却无法控制自己的担忧，他觉得自己陷入了无尽的恶性循环之中。

这两个故事都告诉我们，过度的担忧和焦虑不仅无法解决问题，还会让问题变得更加严重。

"灾难"的由来

"幻想中的灾难"并非真实的灾难，而是源自我们内心的恐惧和不安。这种情绪的产生，与我们的心理机制和社会环境密切相关。

从心理机制的角度看，我们的大脑具有一种"负面偏差"的特点，这意味着我们更容易注意并记住负面信息。当我们面临压力、挑战或不确定性时，大脑往往会倾向于放大问题，并预演可能出现的最坏情况。然而，这种预演往往是不准确的，甚至可能是完全错误的，但它却能够引发我们强烈的情绪反应，如焦虑、紧张和恐惧。

从社会环境的角度看，现代社会中的竞争压力、信息爆炸等因素都加剧了我们对未来的担忧和对不确定性的感知。在快速变化的时代背景下，我们不断接收到各种信息，其中不乏负面和消极的内容。这些信息不仅让我们感到焦虑和不安，还让我们对未来的不确定性充满恐惧。

"幻想中的灾难"往往与我们的不安全感和对于某些事情的忧虑和担心有关。在现代社会中，人们往往感到无法掌控生活，这种无力感会在梦境中得到体现。此外，当我们在现实生活中遇到一些困难或挫折时，也可能会在梦境中寻求一种情感上的反映，通过梦到灾害来表达我们的悲痛和失落。

如何挣脱"幻想中的灾难"的束缚

1. 认识"负面偏差"，接纳自己的担忧

负面偏差是指人们更倾向于注意、记忆和解释负面信息，而相对忽视正面信息的现象。这种偏差在人类进化中具有一定的优势，因为它可以帮助我们快速识别并应对潜在的危险。然而，在现代社会中，负面偏差可能导致我们过度关注负面信息，从而产生"幻想中的灾难"等不必要的担忧。

我们要认识到这是一种自然的心理现象，不要试图逃避或者压抑它，而且要认识到并非所有的担忧都会成为现实。关注事情的积极面和可能性，尝试从乐观的角度看待问题。减少浏览社交媒体和新闻网站的时间，避免过度接触负面信息。

2. 杜绝"焦虑预测"，尝试逻辑分析

焦虑预测是指个体对未来可能发生的负面事件进行过度担忧和预测的现象。这种预测往往基于个体的主观感受和想象，而非客观事实。当个体处于焦虑状态时，他们可能更倾向于产生焦虑预测，从而加剧自己的担忧和不安。

对此，我们可以尝试对担忧的内容进行理性分析，评估其真实性和可能性。尝试用事实和逻辑来反驳那些不合理或过于夸张的担忧。同时也可以尝试一些新的事物或经历，让自己更加适应变化和不确定性。

社恐：在渴望社交与自我束缚间徘徊

【社交恐惧是害怕失去自我】

在喧嚣的人群中，你是否感到自己仿佛置身于孤岛，渴望融入却又害怕被拒绝？这种对社交场合的深深恐惧，我们称为"社交恐惧症"，简称社恐。社恐不仅会影响我们的日常生活，更是对我们情感世界的一次深刻挑战。

社恐的主持人

谈到我的表姐，我脑海中首先浮现的往往是那个在电视上熠熠生辉、游刃有余的主持人形象。她大方、开朗、机智、幽默，深受观众喜爱。然而，令人惊讶的是，在生活中她其实深居简出，而也只有熟知她的人才知道，其实她是一个"社恐"。

在表姐主持人的光环背后，隐藏着一个真实而平凡的自我。她坦言，没有工作的时候，自己更倾向于待在家里，而不是外出社交。这与她在舞台上的形象形成了鲜明的对比。

表姐的社恐在生活中尤为明显。每当没有工作安排时，她总是选择待在家里，点外卖、看电影，一个人自得其乐。她告诉我，与人交往让她感到紧张和不安，她害怕在社交场合中出丑或被人拒绝。这种担忧让她在人群中显得拘谨和不自在，尽管她在镜头前能够表现得游刃有余。

表姐的社恐并非毫无缘由。她告诉我，在成长过程中，她曾有过一段不愉快的社交经历。她小时候经常跟着做生意的姨夫参加饭局，家里人总是教育她在外人面前要表现得体。这些经历让她太过在意他人对自己的看法和评价，以至于对社交产生了恐惧和抵触。

然而，表姐并没有因此放弃自己的梦想。她凭借自己的才华和努力，在主持界取得了不俗的成绩。她深知自己的不足，但也明白只有通过不断的挑战和突破，才能让自己变得更加自信和从容。

与表姐情况相似，在现实中许多社恐患者其实也面临着复杂而深刻的困扰。他们不仅在普通的社交场合中感到不自在、紧张甚至恐惧，还可能在日常生活中对与人交往产生强烈的抵触情绪。他们渴望与他人建立联系，但又害怕被拒绝或嘲笑。这种矛盾的心理状态让他们倍感煎熬。

社恐的真相

社恐是一种对社交场合和人际互动产生强烈恐惧和不安的心理状态。患有社恐的人往往害怕在众人面前表现自己，担心自己的言行举止会被他人嘲笑。这种恐惧感可能源于对自我价值的否定、对他人评价的过度关注以及对未知的恐惧等多种因素。

社恐不仅会影响个体的社交能力，还可能导致一系列的心理问题，如自卑、焦虑、抑郁等。在社交场合中，社恐患者可能会表现出紧张、局促不安、回避等行为，这些行为又会进一步加剧他们的社交困难。因此，了解社恐的根源和机制，掌握正确的情绪解读和调控方法，对于克服社恐具有重要意义。

从心理学的角度来看，社恐的形成与个体的性格特征、成长经历和家庭环境等因素密切相关。例如，内向、敏感、自卑等性格特征的人更容易社恐；在成长过程中受到过度保护或过度批评的人更容易社恐；家庭环境的不和谐或缺乏关爱也可能导致社恐。

克服社恐要先达到自洽

1. 消除负面自我认知，增加正面自我认知

社恐患者往往对自己的社交能力持有负面看法，认为自己缺乏吸引力、无趣或笨拙。这种负面自我认知会影响他们的自尊和自信，使他们更难在社交场合中自如地表达自己。所以，社恐患者需要了解自己的性格特点和优劣势，正视自己的不足，并学会接纳和爱自己。同时，社恐患者要树立正确的价值观，不要过度关注他人的评价，相信自己的价值和能力。

2. 走出焦虑循环，开始尝试社交

由于社交焦虑，社恐患者可能会避免去社交场合，选择独处或只与少数亲密的人交往。他们担心自己的表现会被他人评价，这种避免社交的行为会进一步削弱他们的社交技能，使他们常常陷入一种焦虑的循环中，导致他们在社交场合中感到紧张和不安，而这种紧张和不安又进一步加剧了他们的社交焦虑，从而形成了一个恶性循环。

所以，社恐患者需要通过参加社交活动、加入兴趣小组等方式，逐渐培养自己的社交能力和自信心。在社交场合中，社恐患者要主动发起话题、积极倾听他人意见、表达自己的观点和感受；同时，要学会察言观色，理解他人的需求和情感，以建立更好的人际关系。

面对生命，心存敬畏

为麻风寨摘"帽"

麻风病，也称为汉森氏病，是一种由麻风分枝杆菌引起的慢性传染性疾病。它主要通过飞沫和密切接触传播，病程较长，潜伏期一般在 5 年左右。此病的初期症状包括皮肤斑块、丘疹、感觉丧失、肌肉无力和溃疡等，严重时可导致容貌毁损和肢体畸形。

在许多人眼中，麻风病是一种令人恐惧的疾病。自古以来，麻风病就被视为一种可怕的、传染性极强的疾病，患者常常被迫离开家园，独自生活，遭受社会的排斥和歧视。然而，李桓英教授对麻风病的态度却与众不同，她不仅没有被这种疾病吓倒，反而将全部精力投入麻风病的防治和研究工作。

1983 年，当大多数人都在准备迎接春节的时候，李桓英教授却带着一份特殊的"春节礼物"——治疗麻风病的特效药物，踏上了前往麻风寨的征途。这个偏远的寨子，曾是麻风病的重灾区，住在这里的麻风病患者们被疾病折磨，同时也长期承受着来自社会的歧视和孤立。

李桓英教授的到来给这个寨子带来了希望和光明，她带来的不仅是治疗的药物，更是对生命的尊重和关爱。她深入了解每一位麻风病患者的病情，为他们制定个性化的治疗方案，并亲自监督治疗过程。她的耐心和细心让患者们感受到了前所未有的温暖和关怀。

在李桓英教授的不懈努力下，仅仅用了两年时间，麻风寨的麻风病患者都被成功治愈。在 1990 年的泼水节，麻风寨迎来了它的重要时刻。所有的麻风病患者均已痊愈，这个曾经因疾病而备受冷漠的寨子，终于摘掉了"麻风寨"的帽子，并被州委更名为"曼南醒"。"曼南醒"在傣语中意为"新生"，寓意着在经历了疾病和被歧视的磨难后，这个寨子终于迎来了新的生命和希望。这一切，都离不开李桓英教授的辛勤付出和无私奉献。

要敬畏，不要恐惧

"敬畏"一词，在人类历史中占据着举足轻重的地位。它不仅是一种情绪状态，更是一种对生命、对自然、对社会的深刻理解和尊重。当我们心存敬畏时，我们会更加珍惜自己的生命，更加关注自己的内心世界，更加尊重他人的感受和权利。

那么，为什么我们要心存敬畏呢？

敬畏是对生命本身的尊重。生命是宇宙间最宝贵的财富，它脆弱而短暂，需要我们用心去呵护。当我们对生命心存敬畏时，我们会更加珍惜它，更加努力地追求自己的梦想和价值。面对未知的世界和未知的挑战时，我们需要保持敬畏之心，以开放的心态去探索和学习。

敬畏是对社会规则的尊重。在一个有序的社会中，我们需要遵守一定的规则和道德准则。当我们对社会规则心存敬畏时，我们会更加自律和自觉地遵守它们，从而营造一个更加和谐的社会环境。

在理解敬畏的同时，我们也要认识到它与其他情绪的联系和区别。例如，恐惧和敬畏都包含了对某种事物或情境的紧张感受，但恐惧往往带有更多的消极和逃避的成分，敬畏则更多地表现为一种尊重和探索的欲望。因此，在面对生命和未知事情时，我们应该努力培养敬畏之心。

如何培养敬畏之心

1. 反思与内省

定期回顾自己的生活，思考自己在哪些方面失去了对生命的敬畏。通过反思和内省，我们可以更加清晰地认识自己的情绪和需求。通过反思与内省产生的敬畏让个体产生了自我超越的感觉，推动个体追求真实的自我。当人们感到敬畏时，他们可能会感到自我边界变得更大。这种体验可以进一步促进个体对真实自我的探索和追求。

2. 实践感恩

感恩是一种对生命和他人的感激之情，它可以帮助我们更加珍惜所拥有的一切，并培养我们的敬畏之心。通过实践感恩，我们可以更加关注自己的内心世界和他人的需求，从而建立更加积极和健康的人际关系。通过实践感恩产生的敬畏感能扩张人对时间的感知，这可能使人们更加关注长期目标，而不是短期欲望的满足，从而增强幸福感。

第四章

跌入谷底，开出花来
（哀伤、抑郁、愁）

哀：才下眉头又上心头

【哀伤是心灵深处的裂缝，透过它，我们看见了生命的真实】

哀伤的表情远超简单的眉头紧锁，那是眼中无法掩饰的无奈与失落，仿佛一池被秋风吹皱的湖水，深沉且难以平静。眉宇之间，仿佛有千斤重担压过，凝聚着沉重的忧愁。

哀伤的眼神，有时像被霜雪覆盖的湖面，寒冷而寂静；有时又像被乌云笼罩的天空，沉重而压抑。但无论它如何变化，都透露出一种深深的无力感，让人为之动容。

这不仅是一种外在的表现，更是一种内心的流露。哀伤无须言语，它如同一种无形的磁场，吸引着周围人的目光，让人不由自主地感受到那份深深的痛楚与不舍。它告诉我们，人生并非总是阳光明媚，也会有阴霾密布的时刻。

死亡五部曲

1969 年，瑞士心理学家伊丽莎白·库伯勒·罗丝在《死亡五部曲》一书中提出了"哀伤的五个阶段"。她认为，人们在失去至亲后，情感大都会经历五个过程，即否认、气愤、讨价还价、抑郁、接受。

在一个宁静的小镇上，生活着一个叫小芳的女孩。她与年迈的奶奶相依为命，奶奶不仅是她的亲人，更是她生活的全部。然而有一天，奶奶突然地离世，令小芳陷入了哀伤的五个阶段。

当医生告诉小芳奶奶离世的消息时，她仿佛置身在一片迷雾之中，无法接受这个残酷的现实。她不停地摇着头，说："不，这不是真的，奶奶不会离开我的。"她甚至拒绝看奶奶最后一眼，因为她害怕一旦看见，这个残酷的事实就会成为永远无法改变的真相。这就是第一阶段——否认。

随着时间的推移，小芳开始感到命运不公，为什么要让奶奶离开她，她开始气愤自己的无能为力，为什么不能在奶奶最需要的时候陪在她身边。愤怒让她开始责怪自己，责怪那些在她看来可能导致奶奶离世的原因。这就是第二阶段——气愤。

愤怒过后，小芳开始尝试与命运讨价还价。她祈祷着，希望奶奶能够回到她的身边，哪怕只是再看奶奶一眼也好。她开始反思自己的行为，试图找出自己哪些地方做得不够好，是否可以通过改变自己去挽回奶奶的生命。这就是第三阶段——讨价还价。

然而，无论小芳如何努力，奶奶都再也无法回到她的身边。这个残酷的现实让小芳陷入了深深的抑郁之中。她开始对生活失去兴趣，对周围的一切都感到麻木。她常常一个人坐在奶奶的房间里，回忆着过去的日子，泪水不断地滑落。她陷入了第四阶段——抑郁。

在经历了长时间的痛苦和挣扎后，小芳终于开始接受奶奶离世的事实。她明白，无论自己如何努力，都无法改变这个现实。她开始尝试走出悲伤的阴影，重新面对生活。此时，她进入了第五阶段——接受。

面对哀伤时，人们总是需要经历一个过程才能逐渐接受现实并重新找到生活的意义。

看见哀伤

哀伤，作为一种深沉而复杂的情感，常常伴随着失去、痛苦和绝望。它的本质是一种对失去的感知和体验。当我们失去某个人或某个东西时，我们的心灵会感受到一种空缺和失落。同时，哀伤也是一种对过去的回忆和缅怀。它让我们回忆起过去的美好时光，感受那些已经逝去的人和事物在我们生命中的重要性。

哀伤会影响我们的身体状态。当我们陷入深深的哀伤之中，面色会变得灰暗，仿佛失去了所有的光彩，身上的力量似乎也被抽干，哀伤过度的人甚至无法站立，他们瘫倒在地，仿佛要将所有的痛苦都倾泻出来。

除了生理上的影响，哀伤还会影响我们的食欲和活力。当一个人哀伤过度时，他可能会失去对食物的欲望，变得食欲不振。同时，他也可能失去往日的活力，变得有气无力，仿佛对周围的一切都失去了兴趣。

tips　　不要让哀伤留下"后遗症"

1. 不要委曲求全

哀伤时，我们很容易陷入自我封闭的状态，将痛苦和悲伤深藏在心底。然而，这种委曲求全的做法不仅无法减轻哀伤，反而可能让痛苦积累得更深。因此，当感到哀伤时，不妨找一个可以倾诉的人，如家人、亲密的朋友或专业的心理咨询师，与他们分享你的感受和经历，让他们了解你的痛苦和困惑。倾诉的过程不仅可以帮助你释放情绪，还能让你得到他人的支持和理解，从而减轻哀伤产生的负面影响。

2. 不要强颜欢笑

哀伤时，我们可能会选择强颜欢笑，试图掩盖内心的痛苦。然而，这种做法只是暂时的逃避，无法真正解决问题。强颜欢笑不仅会让你感到更加疲惫和无力，还可能让你错过寻求帮助和支持的机会。因此，当感到哀伤时，不要勉强自己表现出快乐的样子。相反，要允许自己感受痛苦和悲伤，并寻找合适的方式来表达和释放情绪。例如，你可以通过写日记、绘画、听音乐等方式来表达内心的感受，或者参加一些放松的活动来缓解哀伤带来的压力。

寻找哀伤的源头

【失去与离别，是哀伤最直接的源头】

"失去后才懂得珍惜。"这句耳熟能详的话道出了哀伤的根源。当我们面对失去，都会感到一种难以言喻的哀伤。想象一下，当你失去了一个挚爱的人，或是遭遇了人生中的重大挫折，你的内心会是怎样的感受？哀伤，就是这样一种情感，它让我们感到痛苦、无助，甚至迷失方向。

哀伤作为一种深沉而复杂的情感，常常伴随着失去、痛苦和绝望。它不仅是悲伤的延伸，更是一种对生命深层次的体验和思考。当我们经历失去时，我们的心灵都会受到强烈的冲击。这种冲击让我们感到痛苦和无力，但同时也会促使我们思考生命的意义和价值。

哀莫大于心死

伍子胥出身楚国贵族，却因楚平王昏庸、父亲和兄长被冤杀而被迫逃亡。历经波折后，伍子胥来到吴国，辅佐吴王阖闾，使吴国逐渐强大，成就一方霸业。

后来，阖闾在与越国的战争中受伤身亡，他的儿子夫差继位。夫差牢记越国杀父之仇，在伍子胥的辅佐下，厉兵秣马，最终大败越军。逼得越王勾践仅率五千残兵退守会稽山，面临绝境。

勾践走投无路之下，接受了文种的建议，派他带着厚礼暗中贿赂吴国太宰伯嚭。伯嚭收受贿赂后，在夫差面前为勾践求情。夫差不顾伍子胥的强烈反对，同意了越国的求和。

勾践为表忠心，亲自前往吴国为奴。在吴国期间，他住在阖闾坟墓边的石屋里，给夫差喂马，更是为生病的夫差尝粪便以表忠心。

而夫差已经被勾践的表面顺从迷惑，认为越国已不足为惧，决定放勾践回国。可这无疑是放虎归山。伍子胥曾多次劝阻夫差，强调勾践"卧薪尝胆"的隐忍和越国的威胁，提醒夫差不要养虎为患。但夫差根本听不进去，觉得伍子胥是在小题大做。

后来，夫差准备北上攻打齐国。伍子胥再次进谏，他指出越国才是吴国的心腹大患，此时攻打齐国，只会让越国坐收渔翁之利。

可自古忠言逆耳，加上太宰伯嚭趁机进谗言，污蔑伍子胥意图勾结齐国谋反。夫差听信谗言，愤怒不已，派人赐给伍子胥一把宝剑，令他自杀。

伍子胥悲愤交加，仰天长叹："我辅佐两代吴王，为吴国尽心尽力，如今却遭此下场！吴国的未来已毁在你们手中！"

他的声音中满是绝望，曾经对吴国的满腔热血，在一次次的失望中渐渐冷却。此时，他心中的希望彻底破灭，真正体会到了"哀莫大于心死"的悲凉。随后，他自刎而死。

许多悲剧故事的内核就是失去与离别，这种失去与离别会侵蚀人们柔软的内心。

哀伤的源头

从心理学的角度来看，哀伤的发生与个体对失去客体的情感投入有关。这些客体可以是实物，也可以是抽象的概念，如自由、理想等。当投入了情感的客体突然丧失时，个体由于暂时没有找到新的投入对象，原本投入的心理能量还保留着。哀伤反应就是个体释放这种能量的过程。

从生理的角度来看，哀伤也与我们大脑释放的化学物质有关。在面对失去和痛苦时，大脑会释放出一些化学物质来应对这种痛苦。这些化学物质的释放会让我们感到哀伤和失落。这种生理反应进一步加深了我们的哀伤体验。

在人生的各个阶段，我们都会面临不同的分别。小时候，我们可能会因为与朋友分别而感到哀伤；长大了，我们会与家人和爱人分别，这些分别同样会让我们体验到哀伤；到了老年，随着亲人和朋友的离世，我们会面临更多的哀伤。这些哀伤都是不可避免的，但正是这些经历让我们更加珍惜生命和人际关系，也让我们在哀伤中不断成长。

你需要一个拥抱

1. 避免情感隔离，学会分享感受

有时，人们在面对哀伤时会采取情感隔离的策略，即暂时放下痛苦，保持冷静和理性判断。然而，长期的情感隔离可能导致人变得冷漠麻木，甚至失去感受快乐的能力。要学会与他人分享自己的哀伤感受来减轻内心的负担。可以找亲朋好友倾诉自己的痛苦和困惑，让他们给予支持和帮助。

2. 小心慢性哀伤，寻求专业帮助

慢性哀伤是指哀伤症状的持续时间和强度上偏离了文化习俗的认知范围。经历慢性哀伤的人能够意识到自己的哀伤没有得到充分解决，反而持续存在。如果哀伤情绪过于强烈或持续时间过长，可以寻求专业心理咨询师的帮助，他们可以帮助我们识别情绪问题并提供有效的解决方案。

没事，谁没有低谷期

【 在哀伤的河流中，我们学会了游泳 】

生活中，没有谁能够一帆风顺，我们总会遇到各种挫折和困难，陷入低谷期。低谷期往往是我们内心最脆弱的时候，我们可能会感到沮丧、绝望，甚至失去生活的勇气。但正是这期间经历的挫折和困难让我们有机会重新审视自己，发现自己的不足，并尝试找到解决问题的方法。当我们爬出低谷回望过去，我们会发现那些曾经的困境和挫折已经变成了我们前进的动力和宝贵的财富。

奏出自己的命运交响曲

贝多芬，这个名字对于音乐爱好者来说，几乎是一个传奇。他的一生充满了辉煌与荣耀，但在这背后，他也曾经历过一段漫长而艰难的低谷期。正是这段低谷期，让他更加坚韧不拔，最终成为音乐史上的一座丰碑。

贝多芬出生在一个普通的家庭，但他的音乐天赋从小就展现出来了。他的琴声悠扬动听，总能触动人们的心灵。然而，就在他即将登上音乐巅峰的时候，命运却给了他一个沉重的打击——他逐渐失去了听力。对于一个音乐家来说，这无疑是一场灾难。听力是音乐家的灵魂，失去了它，就如同失去了生命。这让贝多芬感到无助和绝望,他无法接受这个残酷的现实。他愤怒、沮丧,甚至一度想要放弃音乐。那段时间,他把自己关在房间里,不与外界接触,只是默默地弹奏着钢琴,虽然听不到声音,但他的心中却充满了对音乐的热爱和渴望。

然而,贝多芬并没有就此沉沦。他不甘心自己就这样被命运击垮,于是开始尝试用不同的方法去"听"音乐,最终发明了一种利用骨传导原理来"听"音乐的独特方法。用牙咬住木棒的一端,把木棒的另一端插入钢琴的共鸣箱内,这样,声音产生的振动可以不通过鼓膜而直接刺激内耳与脑的神经,帮助他感知音乐的旋律。随着听力逐渐下降,贝多芬开始更多地使用中低频音符,以便能更好地"听"清楚音乐。这些方法不仅帮助他走出了听力丧失造成的困境,还使他的音乐作品充满了独特的魅力和深刻的内涵。

那段低谷期,对贝多芬来说既是磨难也是机遇。他在那段时期深刻反思了自己的人生和音乐之路。他明白了音乐不仅仅是声音的组合,更是情感和思想的传递。他开始更加专注于音乐创作的内在含义,想用自己的经历和情感去创作震撼人心的作品。

经过无数次的努力和尝试,贝多芬终于找到了属于自己的音乐之路。他创作出了一系列杰出的作品,如《命运交响曲》《月光奏鸣曲》等。这些作品不仅展现了他卓越的音乐才华,更表达了他对生命的热爱和对命运的抗争。他的音乐充满了力量和激情,激励着人们去追求梦想、勇往直前。

办法总比困难多

低谷期是指个体在人生或职业生涯中遭遇的困难、挫折、失败等负面事件所导致的心理状态,具体表现为低落、焦虑、自责、失落等负面情绪,还可能伴随有身体上的不适和疲惫感。

然而,低谷期并不完全是一件坏事,它可以让我们更加深入地了解自己的内心世界,也可以让我们更加珍惜现有的资源和机会,更加明确自己的目标和方向。更重要的是,低谷期可以锻炼我们的意志力和韧性,让我们变得更加坚强和自信。

那么，为什么我们会经历低谷期呢？这往往是因为我们在面对挑战和困难时缺乏正确的应对策略和心态。我们可能会过分关注结果而忽略了过程中的学习和成长；我们可能会过于自责而失去了前进的动力；我们也可能会因为缺乏支持和帮助而感到孤立无援。因此，我们需要学会正确地面对和应对低谷期。

如何走出低谷期

1．拒绝焦虑，调整心态

焦虑是一种对未来的担忧和紧张感，焦虑可能会导致抑郁。处在低谷期时，我们需要保持积极的心态，不要过分关注结果而忽略了过程中的学习和成长。我们要相信自己有能力克服困难并走出低谷期。

2．给自己一点时间

低谷期会产生消极思维和自我责备。消极思维是指一个人对自己、世界和未来抱有负面和悲观的想法和态度。自我责备则是指个体对自己的缺点、错误和失败产生的深深的负罪感。在消极思维和自我责备的双重压力下，可能会加重焦虑情绪。

走出低谷期需要时间和耐心。我们要保持坚定的信念和决心，并且不断努力和坚持。只有这样，我们才能真正地走出低谷期，迎接更加美好的未来。

忍不住就哭吧——不要拒绝哭泣

【 哀伤不是软弱的表现 】

哀伤是一种普遍存在的情感，它伴随着我们成长和生活的每一个阶段。当我们遭遇挫折或面临困境时，哀伤就会悄然降临。有时，哭泣并不是软弱的象征，而是我们内心强大的表现。在哭泣中，我们勇敢地面对自己的情感，正视内心的痛苦和哀伤。通过哭泣，我们不仅能够宣泄情感，更能从中找到新的力量和勇气。

哭泣是一种自我疗愈的过程，它让我们有机会重新审视自己的内心世界，找到解决问题的方法。因此，不要拒绝哭泣，它是我们心灵的慰藉，是我们重新找回自我的机会。让我们勇敢地面对哀伤，用哭泣来释放内心的痛苦，重新找回生活的美好和希望。

哭泣能治病

心理学领域有一项关于哭泣与健康之间的有趣实验。心理学家们将参与者分成两组：一组是血压正常者，另一组是高血压患者。实验的目的是探讨哭泣与血压及健康状况之间的关系。

实验结果显示：血压正常的参与者中有高达 87% 的人表示他们偶尔会哭泣，而高血压患者则称自己从不流泪。这一结果引发了心理学家们对哭泣与健康之间关系的深入探究。

事实上，哭泣是人类情感宣泄的一种本能。它不仅是一种情感的表达，更是一种心灵的释放。有研究显示，女性之所以普遍比男性长寿，除了她们身材娇小、代谢消耗低以及生活工作环境相对安全等因素外，女性更愿意倾诉和哭泣也是一个重要的原因。进一步研究还发现，那些经常哭泣的人相对于哭泣较少的人来说，健康状况更为良好。

为了更深入地了解哭泣与健康之间的关系，心理学家克皮尔进行了一项针对 137 人的调查。这些调查参与者被分为健康组和患病组，其中患病组的患者均患有与精神因素密切相关的疾病，如溃疡病和结肠炎。调查结果显示，健康组的参与者哭泣的次数明显高于患病组，并且他们哭泣后的自我感觉也比哭泣前要好很多。

克皮尔进一步的研究揭示了哭泣背后的生理机制。他发现，当人们情绪压抑时，体内会产生一种对人体有害的活性物质。而哭泣能够让这些有害的活性物质随着泪水排出体外，从而有效降低它们的浓度，缓解紧张情绪。有研究表明，人在哭泣时，其情绪强度一般会降低 40%，这也是人们哭泣后会感觉更加轻松和舒适的原因。

哭泣可以自我治愈

哭泣是一种自然的生理反应，也是人类情感表达的一种方式。当我们感到悲伤、痛苦、愤怒或激动时，眼泪便会自然而然地流淌下来。哭泣不仅可以帮助我们释放内心的压力和痛苦，还可以促进身心健康。

哭泣是一种情感的释放。当我们遇到挫折和困难时，内心会积累大量的负面情绪。如果长时间压抑这些负面情绪，会对我们的身心健康造成极大的损害。哭泣是一种有效的情感宣泄方式。通过哭泣，我们可以将内心的痛苦和压抑释放出来，让自己得到解脱和放松。

哭泣可以促进身心健康。研究表明，哭泣可以降低体内的压力激素水平，减轻身体的紧张感。同时，哭泣还可以放松眼部肌肉、改善血液循环、缓解眼部疲劳和干涩。此外，哭泣还可以增强免疫系统的功能，提高身体的抵抗力。

尽管哭泣有着诸多好处，但在现实生活中，我们往往会因为种种原因而拒绝哭泣。我们担心哭泣会暴露自己的软弱和无助，害怕别人的嘲笑和鄙视。因此，我们选择了压抑和隐藏自己的情感，久而久之，内心的痛苦和压抑越积越多。

压抑和隐藏情感的做法并不可取。因为当我们拒绝哭泣时，我们实际上是在拒绝正视自己的情绪和内心。这种做法不仅无法解决问题，反而会让我们的内心更加沉重和压抑。所以，我们应该学会正视自己的情绪和内心，勇敢地哭出来，让泪水带走我们内心的痛苦和压抑，让我们重新获得力量和勇气去面对生活中的挑战。

通过哭泣自我疗愈

1. 找个安全的地方

在哭泣时，首要的是为自己找一个安全、私密的空间。这样的空间能够让你感到放松和自在，从而更容易释放内心的情感。避免在公共场合或他人面前哭泣，因为这可能会让你感到尴尬或不安，从而影响情感的自然流淌。

2. 注意身体反应

哭泣是一种情感的强烈表达，同时也伴随着一些身体反应。在哭泣时，注意自己的身体反应非常重要。如果你感到头晕、胸闷、呼吸困难或其他不适，那么应该立即停止哭泣，并尝试进行深呼吸或短暂的休息。这是因为过度哭泣可能会导致身体的不适，甚至可能对身体造成伤害。所以，在哭泣的过程中，要时刻关注自己的身体反应，确保自己的健康和安全。

失败太常见了

【掉进水里你不会淹死，待在水里你才会淹死】

失去和离别会让人陷入哀伤，行动失败或项目未达到所期望的目标也会让人产生失落感和哀伤。

在人生的长河中，失败常常如同一块顽石，横亘在我们前进的道路上。然而，正是这些看似冷酷无情的失败，一次又一次地锤炼着我们的意志，让我们学会在挫折中保持坚韧不拔的意志，在困境中找寻出路。正如爱迪生所说："我没有失败过，我只是发现了一万种行不通的方法。"失败是我们成长道路上不可或缺的催化剂，它让我们在磨砺中蜕变，成就更加坚韧的自我。

失败是成长的催化剂

在 19 世纪末，虽然电灯已经被发明，但价格昂贵、使用寿命短暂，且光线昏暗，远远不能满足人们的照明需求。爱迪生，这位伟大的发明家，看到了这个时代的难题，他决心要制造出一种既便宜又耐用的电灯，让光明照亮世界的每一个角落。

爱迪生的实验室里堆满了各种各样的材料。他尝试了各种金属、矿石和植物，希望找到一种能够经受住高温炙烤、不易熔化的材料作为灯丝。然而，一次次的试验，一次次的失败，让爱迪生和他的助手们陷入了困境。然而，爱迪生并没有放弃。他坚信，只要坚持不懈，就一定能找到解决问题的方法。

有一天，他看到了用棉纱织成的围脖，突然想到了用棉纱的纤维作为灯丝的可能性。于是他急忙从围巾上扯下一根棉纱，将其炭化后装进灯泡中。这次试验取得了意想不到的效果，灯泡发出的光芒更加明亮，而且使用寿命也大大延长。

然而，爱迪生并没有满足于此。他觉得棉纱灯丝还不够理想，于是继续寻找更好的材料。最终，他选择了用竹子作为灯丝的材料。竹子经过炭化后装进灯泡中，通上电后，灯泡竟然连续不断地亮了 1200 个小时！至此，爱迪生终于做出了自己满意的电灯。几十年后，爱迪生又对灯泡进行了改善，用钨丝作灯丝，并在灯泡内充入氮气或氩气。

爱迪生改进的电灯，不仅照亮了人们的生活，也开启了电气时代的新篇章。他的成功证明了失败并不可怕，只要我们有坚定的信念并进行不懈的努力，就一定能够战胜困难，实现自己的梦想。

失败是成功之母

"失败是成功之母。"这句话揭示了失败与成功之间的辩证关系。从字面上看，"失败"意味着没有达到预期的目标或结果不如意；"成功"则是指达到了预期的目标或取得了显著的成就。然而，这两者之间并非对立关系，而是相互依存、相互促进的。

首先，失败是成功的必经之路。在追求成功的过程中，我们难免会遇到各种困难和挫折。这些困难和挫折会让我们更加清醒地认识到自己需要改进的地方。通过不断尝试和反思，我们可以积累经验、提高能力，为成功打下坚实的基础。

其次，失败能够激发我们的斗志和潜能。面对失败时，我们往往会感到痛苦和失落。然而，这种负面情绪也会促使我们更加努力地追求成功。我们会更加珍惜机会，更加努力、更加坚定地追求自己的目标，这种斗志和潜能的激发，正是成功的重要推动力。

最后，失败教会我们如何面对挫折和困难。在人生的道路上，我们不可能一帆风顺。面对挫折和困难，我们需要学会保持冷静、调整心态、积极应对。这种应对能力也是成功所必需的素质之一。通过不断面对失败和挑战，我们可以逐渐提升自己的应对能力，为未来的成功做好充分的准备。

不要害怕失败

1. 增强心理韧性

虽然失败可能导致许多消极心理效应，但也能够锻炼人的心理韧性。心理韧性是个体在面对挫折和失败时展现出的积极品质。心理韧性强的个体能够更好地应对失败带来的负面情绪，从中吸取教训，迅速恢复状态并继续前行。

面对失败，我们要保持积极的心态和信心，相信自己的能力和潜力，相信只要努力就一定能够成功。这种积极的心态会让我们更加坚定地走向成功。

2. 不要自我否定

在经历失败后，个体可能会对自己的能力、价值或存在的意义产生怀疑甚至自我否定。这种自我否定不仅会导致情绪上的低落和沮丧，还可能影响个体的自我认知和自尊，进一步削弱其面对挑战和困难的勇气和信心。

面对失败，我们要深入分析失败的原因并采取相应的措施，而不是一味地自我否定。

别回头，反正怎样都会后悔

【不要去美化那一条你没有走过的路】

人生就像一幅巨大的画卷，我们既是画家，又是艺术欣赏者。在绘制这幅画卷的过程中，我们需要不断地做出选择，用色彩和线条勾勒出属于自己的世界。然而，当我们站在画卷前欣赏时，总会不自觉地望向那些未曾触及的空白区域，想象着那里会是怎样的风景。

这种对未知区域的向往和幻想，往往会让我们对现实产生不满和焦虑。我们总是希望自己的生活能够像幻想出来的未选择的路一样完美无缺，却忽略了现实生活中的美好和价值。然而，正如我们之前听到过的一句话："生活不是等待暴风雨过去，而是学会在雨中跳舞。"我们应该学会珍惜并欣赏自己正在经历的生活，而不是一味地追求那些遥不可及的幻想。

怎么选都会有遗憾

艾米毕业于一所知名的大学，她拥有着优秀的学业成绩和丰富的课外活动经历。在毕业之际，她面临着两个截然不同的职业选择：一是进入一家知名企业工作，获得稳定的收入和乐观的职业发展前景；二是追随自己的内心，去一个偏远的乡村支教，为那里的孩子们带去知识和希望。

艾米从小就有着一颗热爱教育的心，她渴望能够将自己的知识传递给更多的人。然而，她也深知，选择支教将意味着放弃高薪和舒适的生活环境，面对艰苦和未知的挑战。在权衡利弊的过程中，艾米陷入了深深的纠结和犹豫。

在经历了一番激烈的思想斗争后，艾米最终做出了决定——去乡村支教。这个决定并不容易，她需要面对家人的反对、朋友的质疑以及自己内心的恐惧和不安。

然而，当艾米真正踏上支教的道路时，她发现现实远比她想象的要艰难得多。那里的生活条件艰苦、教学设施简陋，而且孩子们的基础也比较薄弱。当她向家人倾诉自己的不易时，换来的却是家人的责备。

她开始幻想如果当时选择了去知名企业工作，自己的生活将会如何完美：宽敞的办公室，丰厚的薪水，丰富的社交圈……这些美好的想象让她一度心动不已。然而，每当她想起那些孩子们渴望知识的眼神，她的内心又充满了矛盾和挣扎。

与此同时，艾米的那些选择了去知名企业工作的大学同学，在看似完美的职业生涯中也遭遇了种种挑战和困境。他们的工作虽然稳定，但压力巨大，竞争激烈。他们时常感到疲惫和迷茫，甚至开始怀疑自己当初的选择是否正确。

这个故事告诉我们，不要去美化那一条你没有走过的路。每个人的生活轨迹都是独一无二的，我们无法预知未来，也无法比较不同选择的优劣。因此，我们应该珍惜自己的选择，勇敢地面对挑战和困难，走好脚下的每一步。

人生没有后悔药

人生如同一场长途旅行，充满了无数的选择与决策，无论我们做出怎样的选择与决策，都难免会有遗憾和不满。我们常常会陷入对过去决策的后悔之中，幻想着如果当时选择了另一条路，现在的生活或许会截然不同。但事实是，人生没有后悔药，我们不能回到过去改变已经发生的事情。

接受不完美，是我们在面对人生遗憾时的一种积极态度。我们要明白，每一个选择都有其背后的原因和代价，没有一种选择是完美的。无论我们做出怎样的选择，都会面临一些挑战和困难。因此，我们不应该将精力浪费在对过去的后悔之中，而应该珍惜现在所拥有的一切，积极面对挑战。

在人生的道路上，我们应该学会放下过去的包袱，勇敢地面对现实。不要过于纠结过去的错误和遗憾，而是应该从中吸取教训和经验，为未来的成长和进步打下坚实的基础。只有这样，我们才能真正地成长和进步，走向更加美好的未来。

学会接纳和珍惜

1. 正视现实

在人生的道路上，我们总是会对未知的事物产生好奇和幻想，这是人类天生的探索欲望。然而，过度美化未选择的路，往往会让我们陷入一种虚幻的想象中，忽视了现实生活中的美好和价值。我们需要正视现实，用发现的眼光去体会现实的美好，也要学会面对现实中的挑战和困难，积极应对生活中的种种问题。

2. 珍惜眼前

"不要去美化那一条你没有走过的路。"这句话所蕴含的情绪是"接纳与珍惜"。接纳与珍惜是一种积极的心态，它让我们学会珍惜自己所拥有的，感恩自己所得到的。珍惜自己所拥有的每一份资源和机会。不要总是抱怨自己没有得到什么，而是要感恩自己所得到的，用心去感受生活中的美好和幸福。

第五章

是什么让你一点就炸

怒：逐渐走向爆炸

【愤怒是内心的火焰】

愤怒，是我们情感世界中的一股强大力量。它既能让我们挺身而出捍卫正义，也能让我们在冲动中失去理智。这个词语常常与负面情感联系在一起，但它真的只是一种负面的情绪吗？或许，我们需要重新审视一下愤怒。

愤怒并非一种单纯的情绪，而是一种情感的混合体。它包含了我们对不公不义的抗议、对自我尊严的维护以及对未知挑战的勇敢面对。

愤怒与性别

20世纪60年代，心理学家霍肯森对人类的情绪表达产生了浓厚的兴趣，尤其是愤怒这一强烈的情感，他设计了一个独特的实验，旨在探究男性和女性在表达愤怒时的不同方式。他精心挑选了一批志愿者，将他们分为两组，每组都由男性和女性组成。这些志愿者被安排在一个特殊的实验室里，他们将与一个模拟的电击仪器相连。

实验开始了，第一组志愿者被要求相互电击。霍肯森发现，女性志愿者在面对电击时，往往倾向于互相安抚和宽慰。她们试图用温柔和理解来化解彼此的愤怒，而不是通过攻击来发泄愤怒的情绪。这种表现让霍肯森深感惊讶，因为这与他之前对女性愤怒表达方式的预期大相径庭。

然而，男性志愿者的表现与女性志愿者截然不同，他们更倾向于通过攻击来发泄愤怒。当被电击时，男性志愿者会毫不犹豫地反击，甚至有时会加倍电击对方。这种直接的攻击行为让霍肯森意识到，男性在表达愤怒时更倾向于使用暴力和攻击行为。

为了进一步验证自己的假设，霍肯森进行了第二组实验。在这次实验中，他明确表示要给予有攻击行为的女性和没有攻击行为的男性以奖赏。这个条件使得原本不愿意攻击的女性也开始展现出攻击性，原本容易攻击的男性则开始学会控制自己的情绪。

这两组对照实验的结果让霍肯森得出了一个结论：男性和女性在表达愤怒时存在明显的差异。女性更倾向于通过安抚和宽慰来化解愤怒，男性则更倾向于使用暴力和攻击行为来表达愤怒。

愤怒的四个阶段

愤怒，作为一种基本的人类情绪，它源于我们对某种刺激或情境的不满和反感。当我们感到被侵犯、被忽视或被剥夺了某种权益时，我们就会感到愤怒。愤怒的本质是一种强烈的、不满的情感体验，它伴随着一系列生理和心理变化。这些变化让我们更容易产生攻击行为和冲动决策，但也可能激发我们的斗志和勇气。

愤怒情绪开始的阶段，人们会感到内心失衡，失去快乐，难受、纠结等各种负面情绪。在这个阶段，人们可能会感到事情不太对劲，但还没有达到愤怒的程度。

在失衡之后，人们会进入沮丧的阶段。在这个阶段，人们开始错想、联想，将事情往更坏的方向想，进一步加剧负面情绪。

当沮丧情绪积累到一定程度时，就会进入生气阶段。此时，人们开始真正感到愤怒，可能会说狠话、生气、失去理智，甚至不考虑对方的感受。这个阶段是愤怒情绪的高潮，人们需要特别小心，以免因为失控而做出冲动的行为。

生气过后，如果愤怒情绪没有得到妥善处理，就会进入怨恨阶段。在这个阶段，人们开始记仇、怨恨对方，甚至会将这种怨恨情绪转化为长期的敌对关系。怨恨对人际关系和心理健康都有很大的危害，因此需要及时采取措施来化解愤怒情绪。

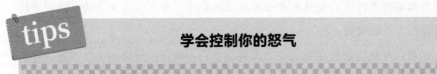

学会控制你的怒气

1. 在失衡时，放松或转移注意力

当愤怒开始在你的内心燃烧时，不要试图压抑它，而是要学会放松自己。尝试闭上眼睛，深呼吸几次。深呼吸可以减缓心跳，降低血压，帮助你恢复冷静。同时，将注意力集中在呼吸上，感受气息在鼻腔中进出的感觉，有助于将你的注意力从愤怒的情绪中抽离出来。

如果你发现深呼吸和放松身体不足以平息你的愤怒，那么试着转移注意力。你可以想象一个宁静的场景，比如海边、森林或山顶，让自己沉浸在这个想象中的世界里。或者，你可以做一些简单的事情，比如听一首轻音乐、读一会儿书或者散步，这些活动都可以帮助你从愤怒的情绪中抽离出来。

另外，默数到十也是一个有效的方法。在愤怒即将爆发之前，试着在心中默数到十。这个简单的动作可以打断愤怒的反应链，让你有时间冷静下来并重新思考。在默数的过程中，你可以尝试放慢呼吸，让自己更加平静。

2. 在生气时，暂时抽离出来

当你发现自己正处于一个可能引发愤怒的环境或情境中时，最好的方法就是暂时离开那个环境，找一个安静的地方，让自己的情绪得到平复。但是这并不意味着你要逃避问题，而是给自己一些时间和空间冷静下来。

在抽离出来的这段时间里，你可以尝试回顾一下事情的经过，分析自己的情绪和反应。当你重新回到那个环境时，你会发现自己变得更加冷静和理智了。

你的不耐烦源于哪里

【 不耐烦往往源于我们对未知的恐惧和对控制的渴望 】

想象一下，你正在等待一个重要的电话，但时间一分一秒地过去，电话却始终没有响起。此时的你，是否感到心跳加速、呼吸急促？这就是不耐烦带给我们的感觉。

在繁忙的工作和生活中，我们时常会遭遇各种等待和延迟。这些看似微不足道的事情，却往往能引发我们内心深处的不耐烦。每当手机加载速度稍慢、电梯迟迟不来或是等待迟到的朋友，我们便会不自觉地感到焦虑和烦躁。不耐烦的背后，是否隐藏着我们对时间和效率的过度追求？

棉花糖实验

斯坦福大学著名的"棉花糖实验"是一个关于探索耐心的好例子。这个实验是由心理学家沃尔特·米歇尔于20世纪60年代末进行的。

实验的那一天，教授找来了一群可爱的4岁小朋友。他们被带到了一个小房间里，桌子上放着一样诱人的东西——棉花糖。对于那个年代的小朋友来说，棉花糖可是难得的美味。

教授微笑着告诉孩子们："你们可以选择现在就吃掉棉花糖，或者等我回来后再吃。如果有谁能等到我回来，我会再给他一颗棉花糖作为奖励。"说完，教授就离开了房间，但他其实并未真正离开，而是通过单面镜悄悄观察着孩子们的反应。

房间里，有的孩子看着棉花糖，口水都要流下来了，他们的小手忍不住伸向棉花糖，但又突然停住，似乎在犹豫。有的孩子则直接拿起了棉花糖，放进嘴里，满足地嚼了起来。而有的孩子则想出了各种办法来转移注意力，比如闭上眼睛不看棉花糖，或者跟自己说话，甚至有的孩子开始唱歌或讲故事。

时间一分一秒地过去，教授终于回来了。他惊讶地发现，只有少数几个孩子成功抵制住了棉花糖的诱惑，等到了他的归来。这些孩子兴奋地得到了一颗棉花糖的奖励，而那些没能忍住的孩子则只能眼巴巴地看着。

后来，教授对这些孩子进行了长期的追踪研究。他发现，那些能够延迟满足、耐心等待的孩子，在后续的生活和学习中表现出了更强的自控力和更优秀的品质。他们更懂得如何控制自己的情绪和行为，更容易取得成功。

不耐烦的真相

许多人的不耐烦情绪来源是多方面的。

对于结果的过度渴望是不耐烦的一个主要来源。人们常常希望尽快看到努力的成效，对于需要时间积累才能获得的成果缺乏耐心。这种心态使得人们在面对需要长时间投入和等待的任务时，容易感到焦躁不安，难以保持冷静和理智。

对未知的恐惧也是不耐烦情绪的一个诱因。在面对未知的情况时，人们往往会感到无助和不安，害怕等待的结果不如预期。这种恐惧使得人们急于想找到答案或解决方案，不愿意花费时间去思考和准备，从而加剧了不耐烦的情绪。

忽视过程的价值也是不耐烦情绪的一个重要因素。在追求目标的过程中，人们往往只关注最终的结果，而忽视了过程中的乐趣和成长。然而，正是过程让我们积累了丰富的经验和知识，为未来的成功打下了坚实的基础。当人们过于关注结果而忽视过程时，就会变得不耐烦，想要跳过这些看似烦琐的步骤，直接达到目标。

社会环境和周围人的影响也可能加剧人们的不耐烦情绪。在快节奏、高压力的现代社会中，人们都在追求速度和效率。这种氛围使得人们难以保持内心的平静和耐心，而是被外界的喧嚣和催促影响，不自觉地加快了步伐。

通过"棉花糖实验"，我们可以意识到耐心的重要性。耐心不仅是一种很好的品质，更是一种能够让我们更好地应对挑战和困难的能力。它让我们能够保持冷静和理智，不被外界干扰；让我们能够珍惜过程，享受其中的成长和乐趣。

锻炼自己的耐心

1．学会延迟满足

延迟满足是指一种甘愿为更有价值的长远结果而放弃即时满足的抉择取向，以及在等待中展示的自我控制能力。它并非一味地压制欲望，而是一种克服当前的困难情境而力求获得长远利益的能力。

在日常生活中，尽量学会接受延迟满足。例如，当你想要吃零食时，可以告诉自己等一会儿再吃；当你想购买某件商品时，可以等打折时再买。通过这样的练习，可以逐渐培养起耐心，学会等待更好的时机。

2．相信持续努力

心理学中有一个持续努力效应，是指个体通过持续不断的努力和坚持，最终实现目标并获得成功的现象。它强调了耐心和毅力在成功中的重要性，因为成功往往需要经历长期的努力和等待。

我们可以将长期目标分解为一系列短期、可实现的小目标。这样就能逐渐看到自己的进步，从而增强耐心。设定具体的时间表，并尽量遵守。例如，如果正在学习一项新技能，可以设定每天或每周的学习时间。

无能为力所以满腹牢骚

【人生不如意事十之八九，可与人言者并无二三】

"唉，真烦人！""怎么又这样！"……这些牢骚话语经常充斥在我们的日常对话中。在繁忙的都市生活中，我们时常会听到各种牢骚和抱怨，现在流行将发牢骚称为"吐槽"。这些声音似乎无处不在，从办公室的角落到家庭的餐桌，从社交媒体的评论区到夜深人静时的内心独白，人们似乎不吐不快。

牢骚交响乐

赵小姐是我的前同事，一个极其有趣却也让人哭笑不得的人物。她的特别之处在于，无论何时何地，总能找到各种理由来吐槽。而我"有幸"成为她吐槽的忠实听众，从家庭琐事到地铁拥挤，再到工作中的种种不顺，她的牢骚构成了我们日常交流的一大特色。

每天中午，当我和赵小姐一起在食堂吃饭时，她总是能准时开启她的"牢骚时间"。今天的菜太咸了，昨天的米饭太硬了，家里的孩子又淘气了，婆婆总是念叨个不停……她的话语中充满了无奈和抱怨，但我也能从她的语气中感受到一种生活的真实感。她并不是真的在寻求解决方案，而是将吐槽这些琐事当作一种宣泄，一种缓解压力的方式。

在上下班的地铁上，我和赵小姐顺路，这段时间也成了她吐槽的"黄金时段"。地铁的拥挤、车厢里的异味、乘客的不文明行为，无一不成为她吐槽的对象。每当有人不小心踩到了她的脚，或者挡住了她的路，她都会毫不客气地发出尖锐的牢骚声，让周围的人侧目而视。

在工作上，总有一些小事情让她感到不满。比如，客户的要求总是变来变去，让她无法按时完成工作；同事之间的沟通总是存在障碍，导致工作进展缓慢。每当遇到这些问题时，赵小姐就会向我吐槽，抱怨工作的种种不顺。

虽然赵小姐的牢骚让我有时感到无奈，但我也能从中学到很多东西。她教会了我如何以一种幽默和宽容的心态去面对生活中的不如意，也让我更加珍惜与她相处的时光。在她的吐槽中，我看到了一个真实而有趣的赵小姐，一个敢于表达自己情感的女性。

我想，这就是赵小姐的牢骚艺术吧——用吐槽来表达自己的情感，把吐槽变成一曲交响乐。而在我听来，曲中之意是她对理解、关注和支持的渴求。

无力感下的牢骚与寻求

为什么我们在感到无能为力时会发牢骚呢？这背后的心理机制主要有两个方面。首先，发牢骚可以让我们将内心的不满和焦虑表达出来，从而有助于减轻我们的心理负担，让我们感到暂时的轻松。其次，当我们感到无能为力时，我们渴望得到他人的理解和帮助。通过发牢骚，我们可以向他人传达自己的困境和需求，从而寻求到所需的支持和帮助。

然而，发牢骚并不是一种健康的情绪表达方式。首先，牢骚往往带有负面情绪的色彩，容易让人感到不快和反感。其次，过度的牢骚也会削弱我们的意志力和自信心，使我们更加难以面对问题和挑战。

发牢骚往往是我们内心不满和焦虑的表现。因此，我们需要关注自己的内心需求。当我们感到不满或焦虑时，我们需要停下来思考自己的内心需求，并寻找解决问题的方法。同时，我们也需要学会控制自己的情绪，避免过度地发牢骚和抱怨。

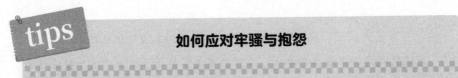

如何应对牢骚与抱怨

1. 倾听他人的牢骚

面对牢骚和抱怨，我们首先需要认识到这是一种常见的情绪表达方式，而不是针对某个人的攻击行为。当我们听到他人的牢骚时，可以尝试以包容和理解的态度去倾听，而不是立即对其进行反驳或批评。通过倾听，我们可以更好地理解他人的情绪状态和需求，并帮助他们找到解决问题的方法。

在倾听完对方的牢骚后，我们可以通过恰当的回应来表达我们的理解和同情。恰当的回应并不意味着我们要完全同意对方的观点或立场，而是要表达出我们对他们感受的尊重和理解。例如，可以说："我明白你现在感到沮丧，这对你来说一定是个困难的时期。"这样的回应有助于减轻对方的负面情绪，并使他们感到被重视和关心。

在表达理解和同情之后，我们可以尝试提供一些积极的建议和解决方案，这有助于对方从消极的情绪中走出来，并重新获得面对问题的勇气和信心。

2. 减少自己发牢骚的频率

我们需要学会控制自己的情绪。当我们感到不满或焦虑时，可以尝试通过深呼吸、冥想等方式来平复自己的情绪。我们还可以寻找一些积极的情绪调节方法，如运动、听音乐、阅读等，来转移自己的注意力并缓解自己的负面情绪。

最重要的是，我们需要培养一种积极的心态。我们可以尝试从积极的角度去看待问题和挑战，并寻找其中的机会和可能性。当我们能够以积极的心态去面对生活时，我们就会发现发牢骚和抱怨的频率会大大减少，而我们的情绪状态也会变得更加稳定和愉悦。

暴躁是天生的吗

【暴躁是一种应对压力和释放情绪的方式】

"愤怒以愚蠢开始，以后悔告终。"这是古希腊哲学家毕达哥拉斯的名言，它道出了愤怒情绪短暂而强烈的本质。在我们日常生活中，暴躁似乎是一种难以捉摸却又无处不在的情绪。那么，暴躁是天生的吗？它是否如同基因一般，深植于我们的血脉之中，无法改变？

你有暴力基因吗

这个实验源于一个关于 MAOA（单胺氧化酶 A）基因的有趣发现。MAOA 基因是在人体内负责编码的一种酶，这种酶参与神经递质（如血清素、多巴胺等）的分解过程。神经递质在大脑中起着传递信息的作用，对于情绪、行为以及心理状态的调节至关重要。

关于暴力基因，科学家们设计了一个充满挑战的实验。他们招募了一批志愿者，并检测了他们的 MAOA 基因型。然后，志愿者们被带入了一个精心设计的实验室，这里充满了可能引发愤怒和攻击性情绪的刺激源。志愿者们被要求参与一系列任务，如模拟争吵、竞争游戏等。科学家们通过先进的脑成像技术，实时监测着志愿者们的大脑活动，并记录着他们的行为反应。

研究发现，MAOA 基因存在一种变异，这种变异会导致其编码的酶活性降低。拥有MAOA基因变异的志愿者，他们的大脑部分区域活动异常，在愤怒和攻击性情绪的刺激下，表现出了更强烈的冲动和攻击性行为。

这个发现让科学家们兴奋不已，他们意识到MAOA基因与攻击性行为之间确实存在着密切的联系。然而，他们也明白，基因只是影响情绪和行为的其中一个因素，环境因素、教育经历、个人心理调节能力等因素同样重要。

生理、心理与环境的交织影响

暴躁，作为一种强烈的负面情绪，常常让我们陷入冲动和失控的境地。然而，暴躁并不完全是天生的。从心理学角度来看，暴躁情绪的产生与个体的生理基础、心理状态以及环境因素密切相关。

生理基础是影响暴躁情绪的重要因素之一。研究发现，某些神经递质在个体愤怒情绪的产生和调节中发挥着关键作用。这些神经递质水平的异常可能导致个体更容易产生暴躁情绪。此外，个体的生理健康状况也会影响其情绪状态。例如，患有慢性疾病或长期睡眠不足的人可能更容易出现情绪波动和暴躁情绪。

心理状态也是影响暴躁情绪的重要因素。个体的性格特质、自尊心、情绪调节能力等因素都会影响其对愤怒情绪的认知和表达方式。例如，性格内向、自尊心强的人在受到挑战时可能更容易产生暴躁情绪；情绪调节能力较差的人可能无法有效地控制自己的情绪，从而更容易陷入暴躁的境地。

环境因素也对暴躁情绪的产生起着重要作用。家庭氛围、工作压力、社会支持等因素都会影响个体的情绪状态。例如，一个长期生活在紧张、压抑的家庭氛围中的人可能更容易产生暴躁情绪；一个拥有良好社会支持的人则可能更容易在面临挑战时保持冷静和理智。

如何应对暴躁情绪

1. 改善生活方式

改善生活方式是缓解暴躁情绪的基础。首先，确保拥有充足的睡眠，并遵循规律的作息习惯。睡眠不足和作息不规律都可能导致情绪波动加剧，因此保持良好的作息习惯对于情绪稳定至关重要。

其次，注意饮食健康。减少摄入咖啡因、糖分等可能加剧情绪波动的食物，多食用富含不饱和脂肪酸的食物，如深海鱼、坚果等。这些营养物质有助于改善情绪，使人更容易保持冷静和理智。

再次，定期参与体育锻炼也是缓解暴躁情绪的有效方式。运动能够释放身体的紧张感，促进内啡肽等"快乐激素"的分泌，帮助你保持心情愉悦。无论是慢跑、瑜伽还是游泳，选择你喜欢的运动方式，让身体动起来，心情也会跟着好起来。

最后，培养兴趣爱好也是培养积极心态的重要途径。参与自己感兴趣的活动，可以让你感到快乐和满足，从而减轻压力。无论是阅读、旅行、绘画还是音乐，找到那个能让你内心平静和愉悦的活动，让它成为你生活中的一部分。

2. 培养积极心态

培养积极心态是应对暴躁情绪的关键。首先，学会正面思考。当你面临挑战或困难时，尝试从积极的角度看待问题，相信自己的能力和潜力。避免过度负面解读，不要让负面情绪占据你的内心。其次，保持感恩的心态。每天记录一些值得感激的事情，会让你更加珍惜生活中的美好瞬间。感恩的心态能够提升你的幸福感，减少暴躁情绪的产生。当你感到烦躁不安时，不妨想想那些值得你感激的事情，让内心充满温暖和正能量。

本质上你在气什么

【愤怒往往源于我们
对他人的期望过高或行为的误解】

在繁忙的生活中，我们时常被各种情绪困扰。愤怒、焦虑、沮
丧……这些情绪如同潮水般涌来，让我们感到无所适从。然而，情
绪是心灵的镜子，它反映出我们内心的真实状态。所以，当你紧握
拳头、怒火中烧时，你是否曾停下来问过自己：我究竟在气什么？

被误解的善意

我的朋友王先生是一位热心的社区志愿者，他总是在周末抽出时间帮助邻
居们解决各种问题。然而，最近他却因为一桩小事而感到十分生气，这件事让
他的心情久久无法平复。

事情的起因是一次社区活动。为了丰富居民们的文化生活，王先生精心策
划了一场户外音乐会。他提前几周就开始筹备：联系乐队、租借音响设备、安
排场地……一切都进行得有条不紊。然而，就在音乐会的前一天，王先生却
收到了一条匿名短信，指责他浪费社区资源，举办无意义的活动。

这条短信让王先生感到十分委屈和愤怒。他为了这次音乐会付出了很多心
血和汗水，目的是给大家带来欢乐和放松的时光。可是，为什么还会有人这样

误解他的善意呢？

王先生决定找出这个发短信的人，问清楚原因。他开始在社区里四处打听，但没有人愿意透露任何信息。这让他更加生气，觉得自己的付出没有得到应有的尊重和理解。

就在王先生感到无助和沮丧的时候，一位邻居找到了他。这位邻居告诉王先生，发短信的人其实是一个关心社区但性格内向的居民，他之所以发那条短信，是因为担心音乐会的噪声会影响到他孩子的学习。

了解了这个情况后，王先生的愤怒情绪逐渐平息下来。经过一番交流，王先生和邻居达成了共识。他们决定在音乐会期间采取一些措施来减少噪声对周围居民的影响，比如调整音响设备的音量、缩短演出的时长等。同时，王先生也向邻居表达了自己的歉意，并感谢他提出的宝贵意见。

期望与现实的落差

很多时候，我们的愤怒情绪源于期望与现实的落差。我们期望得到他人的尊重、理解、支持或关爱，但现实却往往与我们的期望相悖。当这种落差达到一定程度时，我们就会感到愤怒和失望。

我们到底在气什么呢？气他人的不尊重、不理解？气自己无力、无助？还是气某些不公平的待遇、不合理的规则？当我们静下心来仔细思考，会发现愤怒情绪往往指向了我们内心深处最在乎的东西。

其实，我们气的不是现实本身，而是现实与期望之间的落差。这种落差让我们感到自己的期望没有得到满足，自己的价值没有得到认可。当我们感到愤怒时，往往是因为某些事情或人的行为触及了我们内心深处的某些敏感点或底线。这些敏感点或底线可能与我们的价值观、尊严、自我认知或需求息息相关。在愤怒的瞬间，我们可能会被强烈的情绪左右，忘记了探寻愤怒背后真正的诉求。

在面对这种情况时，我们需要先审视自己的期望是否合理和现实。如果期望过高或不符合实际情况，我们可以适当调整自己的期望以降低落差感。同时，我们也要学会接受现实的不完美和不可控性，并寻找解决问题的方法或寻求他人的帮助。

让自己消消气

1. 规避晕轮效应，理性看待他人行为

晕轮效应，又称"光环效应"，指的是人们对他人的认知判断首先是根据个人的好恶得出，然后再从这个判断推论出认知对象的其他品质的现象。当某人因为某一特质（如善良、诚实）而受到赞赏时，我们可能会过度美化他们的其他品质，形成一个"好"的光环。然而，当这个人的行为不符合我们的期望时，我们可能会感到失望和愤怒。

要消除这种愤怒，首先要学会理性看待他人的行为，避免因为某人的某一特质而过度美化或贬低他。理解每个人都有自己的优点和缺点，尝试从多个角度去看待他人，这样可以帮助我们减少因为晕轮效应而产生的愤怒情绪，更加客观地看待问题。

2. 做好应对策略，小心"野马结局"

"野马结局"描述的是因芝麻小事而大动肝火，以致因别人的过失而伤害自己的现象。在非洲草原上，野马经常被吸血蝙蝠叮咬，尽管蝙蝠所吸的血量极少，但野马因为暴怒和狂奔而导致死亡。这个现象告诉我们，过度的愤怒和过激的情绪反应可能会对我们自身造成伤害。

为了避免这种情况，我们需要学会控制自己的情绪。当遇到让自己生气的事情时，尝试冷静下来，思考问题的根源和解决方案。

深呼吸是一个简单而有效的方法，它可以帮助我们放松紧张的神经，恢复冷静。如果可能的话，暂时离开现场，让自己有时间和空间去平复情绪。此外，进行其他放松活动，如散步、听音乐或冥想，也可以帮助我们控制情绪，避免因为过度愤怒而做出不理智的行为。

试着放下你身上的刺

【别太尖锐，否则容易扎到别人，还伤了自己】

在生活的舞台上，我们每个人都像是一棵仙人掌，身披尖锐的刺。这些刺，既是我们的防御武器，也是我们与他人交往的障碍。在人际交往中，我们总是习惯用刺来保护自己，但往往忘记了这些刺也会伤害到我们最亲近的人。与其用刺来保护自己，不如学会用拥抱来温暖他人。试着放下你身上的刺，让爱与善意成为我们沟通的桥梁。

网暴害人害己

在当今网络时代，信息的传播速度和范围都达到了前所未有的程度。然而，这种便利也带来了不少问题，其中之一就是滋生了网络暴力。

2024 年，某地公安机关成功破获了一起网络暴力案件，石某某和他的团伙就是这场风暴的始作俑者。他们利用网络的匿名性，化身为一群躲在暗处的"键盘侠"，通过直播、短视频和粉丝群公然提供"有偿代骂"服务，将恶言恶语化作利剑，一次次刺向那些无辜的受害者。

这些受害者，或许只是因为一次小小的争执，或许只是因为与石某某团伙中的某个成员有着微不足道的矛盾，就被卷入了这场无妄之灾。他们的名字、照片甚至家庭住址被公开，成为网络暴力的靶子。辱骂、威胁的文字如同石头般重重压在他们的心上，让他们无法呼吸。

更可怕的是，石某某团伙还通过非法手段获取了公民的个人信息，利用这些信息来威胁、恐吓他人，甚至进行敲诈勒索。这种行为不仅侵犯了他人的隐私权，更是对法律底线的公然践踏。

然而，正义终将会到来。该地公安机关迅速行动，将石某某团伙一网打尽，依法对他们采取了刑事强制措施。这一行动不仅是对犯罪分子的严厉打击，更是对网络暴力行为的坚决遏制。

尽管石某某团伙已经被绳之以法，但网络暴力事件依然时有发生。有些人或许觉得，在网络的虚拟世界里，自己可以肆意妄为，不用担心受到惩罚。但请记住，网络不是法外之地，每一个人的行为都会受到法律的约束。

学会放下内心的尖锐

"试着放下你身上的刺"这句话所描述的是一种心态上的转变。在人际交往中，我们往往会因为自我保护而展现出尖锐的一面，这种尖锐可能表现为言辞上的攻击性，也可能表现为行为上的孤僻或是心态上的抵触。然而，这种尖锐并不利于我们与他人建立良好的关系，反而会成为我们成长的障碍。

为什么我们要放下身上的刺呢？首先，尖锐的性格会让我们在与人交往时产生隔阂和矛盾。当我们过于坚持自己的观点和立场时，很容易忽视他人的感受和需求，从而导致关系紧张甚至破裂。其次，尖锐的性格会让我们错失成长的机会。当我们过于封闭和抵触时，我们很难接受新的观点和信息，从而限制了我们的视野和思维。最后，尖锐的性格会影响我们的心理健康。长期处于紧张、焦虑的状态中，容易导致心理失衡和情绪失控。

因此，学会放下身上的刺是我们每个人都面对的挑战。我们需要以更柔和、更开放的心态去面对世界与自我，尊重他人的观点和感受，同时也接纳自己的不足和缺陷。只有这样，我们才能与他人建立和谐的关系，实现自我成长和进步。

软化锋芒，拥抱成长

1. 增强自我意识

在纷繁复杂的人际交往中，我们往往容易忽略自己性格中尖锐的一面。这种尖锐性格，表现为言辞上的直接和刻薄，行为上的独立和冲动，往往在不经意间给他人带来伤害，同时也限制了我们自身的成长。因此，我们需要增强自我意识，认识到自己的这种性格特质，并认真反思其可能带来的后果。

自我意识的增强是一个逐步的过程。我们可以从日常的言行举止中观察自己的反应和态度，看看是否经常表现出尖锐的特质。同时，我们也可以借助他人的反馈，了解自己在人际交往中的表现。当我们能够清晰地认识到自己的不足时，就更容易找到改变的方向。

2. 培养宽容与接纳的心态

在意识到自己的尖锐性格后，我们需要努力培养一种宽容和接纳的心态。这种心态不仅是对他人的宽容和接纳，更是对自己的宽容和接纳。

第一，我们要学会以更加开放和包容的心态去理解和接纳他人的不同观点和行为。每个人都有自己的成长经历和价值观，我们应该尊重这些差异，而不是试图将自己的观点强加于他人。通过理解和接纳他人的不同，我们可以建立更加和谐的人际关系，同时也能够拓宽自己的视野和思维方式。

第二，我们也要学会接纳自己的不足和缺陷。没有人是完美的，我们都有自己的弱点和短板。当我们能够正视自己的不足时，就能够更容易地找到改变的方法，减少内心的焦虑和不安。同时，我们也要学会宽容自己，不要过于苛求自己，给自己留出成长和进步的空间。

第六章

那些影响情绪的感受

幸福感：幸福这件小事

【当我们在研究情绪时，希望得到什么？】

《人生的智慧》中有一句话让我印象很深："人类的幸福感会随着其关注和接触的范围增加而减少。"最初看到这句话时，我的心里隐隐涌现出一个难以被定义的念头。直到后来与形形色色的人接触得多了，我对这句话深以为然。我开始意识到，与其说抽象地将人类的幸福与他关注和接触的那方天地挂钩，不如说许多人正在追求错误的"幸福"。于是才会出现关注和接触的范围越广，外界越精彩，越会发现自己的局限，就越觉得自己暗淡，以至于幸福感大打折扣的情况。

赶路的人忘了嗅蔷薇

我曾经在工作中带过一个小姑娘。不论是学历，还是职业能力，她都算得上是一个非常优秀的小女孩。但令我奇怪的是，从她的身上，我很难看到应届毕业生身上那股子初生牛犊不怕虎的勇气和冲劲，反而时常能窥见一种令人窒息的焦虑感。这种焦虑不像是来自对未来的迷茫，而更多是源于对自己的不信任。

后来与她聊得多了，我才逐渐理解她焦虑的根由。有一次，她告诉我她已经压抑得喘不过来气了。外人看到的她的一切优势在她心里、口中都化作了"不够"：她毕业的院校再好总归不是最好的院校；她家庭条件再富足总归比上不足；她职业能力不错，但能力出挑的人本来也不少……林林总总的比较让她"失去"一切优势。我脑海里不合时宜地冒出一句话"人比人气死人"。她当时处于情绪崩溃的边缘，短短的一段谈话，她做了无数次深呼吸，叹了无数口气。

平心而论，这个小姑娘的学历在求职中占了很大优势，早早就为她敲开了诸多普通院校学子难以敲开的名企大门；她的家境优渥，不知道早已跑赢多少人。可是她仍旧很焦虑，她总是在"赶路"，生怕一停下来就被他人甩在身后，所以她也从未嗅过沿途的花香，包括她自身的芬芳。也是那一刻，我突然觉得或许平庸也是一种恩赐。于是在听了她的诉说后，我问她："你觉得幸福吗？"她闻言一愣。可见答案已不言自明。

她恐怕从未考虑过这个问题，而我也没再寻找引发她情绪决堤的那根导火索。

幸福的真相

我们总说，生活主要的目的在于追求幸福。但是在此过程中，你又真的幸福吗？钱不代表幸福，能力不代表幸福，优秀也不代表幸福，那什么才代表幸福呢？真正能够代表幸福的是你内心的感受，你的情绪。你有没有发现，小孩子的幸福感要比成年人的幸福感来得简单。对于一个不谙世事的孩子来讲，一颗糖就能给他满满的幸福感。但成年人不行，大部分成年人即使有再多的糖也体会不到幸福感。

武断点说，如果你的生活里充斥着负面情绪，那么你势必不会感到幸福。即使再多钱、再多权都不会让你感到幸福。所以，从这个角度来看，追求幸福本质上是追求良好自洽的情绪，减少负面情绪。至于金钱、权力等都只是得到幸福的手段。

幸福这件事其实很简单，你感觉幸福的时候就是幸福的，你感觉不幸福时就是不幸福的。

我们应当如何提升幸福感

1. 规避瓦伦达效应：把关注点从结果转向过程

心理学上有个著名的现象，名叫"瓦伦达效应"。它源自一个真实案例。美国著名高空钢索表演者瓦伦达一生有过许多场精妙绝伦的演出，73 岁那年，他决定最后再演出一场精彩的告别演出。他不断告诉自己这次演出很重要，绝不能失败，殊不知正是对这场演出的过度重视而使他压力倍增，导致这场"重要"的演出以事故告终：瓦伦达从高空掉落当场丧命。

瓦伦达的这次事故并非源于他的技术，而是源于他对结果的过度重视。所以试着转移我们的关注点，把注意力更多集中在过程所能带给我们的东西上，比如愉悦的感官体验、个人能力的提升等。人生的道路是漫长的，一时受挫并不代表永远失败，关键在于如何理解过程中所能收获的东西，它们才是引导我们最终走向胜利的东西。

2. 练习感恩：每周抽出一定的时间表达感谢，最快 21 天就能看到效果

美国心理学家罗伯特·埃蒙斯（Robert A. Emmons）以及迈克尔·麦卡洛（Michael McCullough）实验发现，表达感谢能够帮助人们提升 25% 的幸福感。这是基于积极心理学的原理，其逻辑在于个体主动察觉和记录积极的情绪体验、逐渐完成心态的调整，以及培

养积极的思维模式。

　　或许在练习之初，你会感到困难，毕竟从日复一日的生活中寻找幸福的瞬间并非易事。但当你坚持下来，习惯每天从日常小事中发现、放大"小确幸"时，你会建立更加积极、乐观的心态。

责任感：每个人都在负重前行

【高尚、伟大的代价就是责任】

在漫长的人生旅途中，我们每个人都是负重前行的旅者。这份重负，不仅是生活的琐碎与压力，更是那份深深烙印在我们心底的责任感。责任感，既是一种自我约束，也是个人成长的催化剂。责任感并非源于为他人谋利，而是源自个体内在的需求。它驱使我们行动，并非为了即刻的外部利益，而是为了满足内心对"被需要"的渴望，或是实现"自我价值"的展现。

中国好人

在青海省西宁市的湟中 906 路公交车上，曾上演过一幕令人惊心动魄却又感人至深的场景。那一天，公交车像往常一样在城市的道路上穿梭，车内的乘客或闭目养神，或低头看手机，一切都显得那么平静。然而，就在这平静的表象之下，一场危机正悄然逼近。

公交车驾驶员杨占录，是一位经验丰富、技艺娴熟的司机，他驾驶着这辆满载乘客的公交车行驶在熟悉的道路上。然而，就在某个瞬间，他突然感到心脏传来一阵剧烈的疼痛，犹如被重锤击中一般。他明白，这是心脏病发作的前兆，但此时的他，更清楚自己肩上的责任——必须确保每一位乘客的安全。

在杨占录失去意识的前几秒，车载监控录像捕捉到了他坚定的眼神和紧握方向盘的双手。他用力稳住方向盘，将公交车缓缓地驶向路边。车内的乘客们或许并未察觉到异样，但杨占录的每一个动作都显得异常艰难。他拼尽全力，将公交车稳稳地停在了路边，拉下了手刹，确保车辆不会滑动。

当公交车停稳后，杨占录终于支撑不住，倒在了方向盘上。他失去了意识，但他的手依然紧紧地握着方向盘。车内的乘客们被这突如其来的变故吓得不轻，看到司机已经倒下，他们纷纷上前查看情况，有的乘客拨打了急救电话，有的则开始安抚其他乘客。

很快，急救人员赶到了现场，将杨占录送往了医院。经过紧急救治，他的病情得到了控制。当他醒来后，得知自己成功地将公交车停稳并确保了乘客的安全时，他露出了欣慰的笑容。他说："发生突发情况时，我得先把车停下来，让乘客下车，这是驾驶员的责任。"

责任感超越了动物本能

责任感，不仅是一种道德要求或社会期望，更是我们内心深处的一种自我认同和价值追求。责任感让我们明白，我们的行为不仅关乎自己，更关乎他人和社会。它让我们在面临选择时更加谨慎和理智，也让我们在被需要时勇于承担和付出。

责任感常常与人性、道德和伦理紧密相连。以赡养父母为例，有些人可能是因为法律的强制而不得不这样做；有的人则是出于内心对父母的尊重和关爱，他们会尽自己最大的努力去照顾父母。由此可见，真正的责任感，并非源于外部的逼迫，而是源于内心的自觉和认知。

没有责任感的人，虽然他们也可能努力工作，但他们的动力往往源于更为原始和直接的原因，如赚取更多的金钱、避免他人的批评和指责等。这些动力虽然能够推动他们前行，但却缺乏责任感所带来的那种内心的满足和成就感。

有责任感的人，在工作中则会体现出一种完全不同的态度。他们会意识到自己所做的事情的重要性，会主动思考如何把事情做得更好，如何避免错误和危险。他们不仅是为了完成任务而工作，更是为了追求卓越和完美，即使在面对困难和挑战时，他们也会毫不退缩、勇往直前。

学会平衡责任与自由

1．明确自己的责任范围

首先，我们需要清晰地认识到自己的职责和使命。这包括我们在工作、家庭、社会等各个领域中应当承担的责任。明确责任范围有助于我们更好地规划和管理自己的生活，确保我们能够在各个领域都尽到应有的责任。

其次，我们要学会拒绝那些超出我们能力范围的责任要求。这并不意味着我们要逃避责任，而是要在确保自己能够履行好当前责任的前提下，避免给自己带来过大的压力。如果某个责任超出了我们的能力范围，我们可以考虑与他人合作或寻求帮助，共同完成任务。

2．学会与他人分担责任

责任感并不意味着我们要独自承担所有的责任，而是要学会与他人合作、共同分担。这样不仅可以减轻我们的负担，还可以增强我们的团队精神和协作能力。

找到那些与我们有着共同目标和价值观的人一起合作，可以让我们更加高效地完成任务。在合作之前，我们要明确各自的责任范围，避免出现责任不清、互相推诿的情况。在合作过程中要相互支持和帮助，共同面对困难和挑战。

通过与他人分担责任，我们可以更加轻松地应对生活中的各种压力和挑战，同时也能够增强我们的人际交往能力和团队协作能力。

嫉妒心：嫉妒不代表你是一个坏人

【嫉妒，其实是一种变相赞美和变相自卑】

羡慕是一种对于他人所拥有而自己没有的东西或能力的向往和渴望。它源于内心的空缺感，希望通过获得他人所拥有的东西或能力来填补这种空缺。

嫉妒则是一种更为复杂的情感。它不仅是对于他人所拥有的东西或能力的羡慕，更是对于这种拥有的愤怒和不满。因为看到他人的成功和幸福会让他感到自己的失败和不幸，所以他既是变相地赞美他人的成功和幸福，又是变相地对于自己的失败和不幸感到自卑。

既生瑜，何生亮

三国时期，周瑜和诸葛亮两人虽未曾直接交锋，但彼此的才华与智谋却时常在战场上碰撞出火花。周瑜，东吴的大都督，英勇善战、谋略过人。诸葛亮，蜀汉的丞相，智慧深邃、神机妙算。

然而，周瑜心中却始终藏着对诸葛亮的嫉妒。他佩服诸葛亮的才华，却也心存嫉妒。这种复杂的情绪让周瑜在与诸葛亮的合作中，时常显得十分矛盾。

"一气周瑜"——周瑜和诸葛亮约定，如果周瑜夺取曹仁据守的南郡失败，刘备再去攻取。然而，周瑜在第一次夺取南郡等地时失利受伤，使用诈死之计才打败曹兵。然而，诸葛亮却趁机夺取了南郡等地，既没有违约，又夺取了地盘。这一气让周瑜感受到了诸葛亮的智谋和威胁，心中开始产生嫉妒。

"二气周瑜"——周瑜为了夺回荆州，想出了一个看似完美的计划：借把孙权的妹妹嫁给刘备，然后将刘备扣下，逼诸葛亮交出荆州。然而，诸葛亮却巧妙地化解了这个计划，让周瑜"赔了夫人又折兵"。这一气让周瑜的嫉妒之火更加旺盛，他开始对诸葛亮产生了深深的敌意。

"三气周瑜"——周瑜假称借道荆州帮刘备攻打西川，实则想趁机攻打荆州，被诸葛亮识破。此时，周瑜已经气急败坏，加之旧伤复发，最终不治身亡。临终前，他长叹一声："既生瑜，何生亮！"这句话表达了他对诸葛亮的嫉妒和无奈之情。

亦正亦邪的嫉妒心

嫉妒常常伴随着一种自我折磨的痛苦感觉。这种痛苦源于嫉妒者被迫面对一个不得不承认的事实——自己在某一方面或某些方面处于劣势。

当个体看到他人拥有自己渴望但又不具备的品质、能力或成就时，嫉妒感油然而生。这种嫉妒感让个体不得不面对自己的劣势。在嫉妒心的驱使下，个体会产生一种强烈的自我否定感，认为自己不够好、不够优秀、不够重要。这种自我否定感让个体感到痛苦和不安。

嫉妒会引发一系列负面情绪和行为。嫉妒者可能会对他人的成功和成就感到愤怒、怨恨和不满，甚至可能会采取一些不道德或不合法的手段来破坏他人的利益或声誉。这些行为不仅会让嫉妒者陷入更深的痛苦和困境中，还会破坏他们与他人的关系，导致被孤立和被排斥。

然而，嫉妒并不完全是一种负面的情绪。它可以激发我们的斗志并成为我们的动力，促使我们更加努力地追求自己的目标。同时，嫉妒也可以让我们更加清晰地认识到自己的不足和需要改进的地方。因此，我们应该学会正确地面对和处理嫉妒情绪。

如何正确地面对和处理嫉妒情绪

1. 接纳并理解嫉妒情绪

人的嫉妒与个体的自我意象紧密相关。当我们在与他人的比较中感到自尊、自我边界等方面受到损害，特别是当我们被迫处于劣势地位时，嫉妒便可能被激发。这种嫉妒体现了我们在追求自我价值肯定的同时，对他人成就的认可与对自身感受之间的矛盾。

所以我们要认识到嫉妒往往带有一定的主观性和情感色彩，不要过于自责或否认自己的感受，而是尝试接纳这种情绪。

我们需要关注个体的自我意象和比较心理，理解嫉妒产生的原因，它可能源于对自我价值的怀疑、对他人成就的渴望或对失去的关注和认可的担忧。

2. 将嫉妒转化为积极的动力

自卑感让嫉妒者难以直接面对竞争者的优势，害怕直接冲突会暴露自己的不足和弱点。因此，嫉妒者会倾向于选择间接的、不易被察觉的方式进行攻击，以保持自己在他人心目中的良好形象。

对于嫉妒者而言，认识到自己的行为模式并尝试改变这种行为模式是非常重要的。

当你感到嫉妒时，不要陷入攻击他人或自我否定的消极情绪中，而是尝试从中找到启发和动力。你可以将他人的成功视为一个榜样，学习他们的优点和长处，并努力提升自己的能力和价值。通过积极的努力和行动，你可以逐渐缩小与他人的差距，甚至超越他们，实现自己的目标和梦想。

羞耻心：羞耻之心人皆有之

【羞耻感往往源于一个人对自我真实性的认识】

小时候，妈妈总是告诉我："做错事不可怕，可怕的是没有羞耻心。"那时的我懵懂无知，但随着时间的推移，我逐渐明白了这句话的深意。有时，我们会在某个瞬间感受到一种难以言喻的羞愧，它如同一股无形的力量，让我们脸红心跳，甚至想要逃离。这种情绪，就是羞耻心。羞耻心会时刻提醒我们，无论何时何地，都要保持对自我的尊重与对他人的尊重。

儿童羞愧感心理实验

苏联心理学家库尔奇茨娅为了深入研究幼儿的羞愧感，精心设计了四种不同的实验情境。这些情境旨在激发儿童的羞愧情绪，从而更深入地了解他们的心理反应和道德认知。

情境一：库尔奇茨娅将孩子们引入一个房间，里面摆满了各种玩具。她特别指出其中一个包装精美、看似诱人的新玩具，并明确告诉孩子们它是属于别人的，不能触碰。孩子们在房间内自由玩耍一段时间后，往往会因为好奇心或无聊而尝试去打开那个被禁止触碰的玩具。当库尔奇茨娅返回房间时，她会观察孩子们在意识到违反规则后的情绪反应，特别是是否表现出羞愧感。

情境二：库尔奇茨娅组织孩子们进行一个简单的游戏——"请你猜"。在游戏过程中，她故意放置一个显眼的奖品，并告诉孩子们只有正确回答问题或完成任务的孩子才能获得这个奖品。然而，在游戏结束后，她却故意错误地指责一个孩子没有遵守规则或没有正确回答问题，从而"取消"了他的奖品。这个被冤枉的孩子在意识到自己被误解后，往往会感到羞愧和委屈，因为他并没有做错事。

情境三：库尔奇茨娅将孩子们带到一个公共场合，比如教室或操场，并让他们参与一些集体活动。在活动过程中，她故意让一个孩子犯下一个显而易见的错误，比如摔倒或说出错误的答案。在众人的注视下，这个孩子会意识到自己的错误，并可能因为担心被嘲笑或批评而感到羞愧。

情境四：库尔奇茨娅向孩子们讲述一个关于道德选择的故事。故事中，一个角色面临一个艰难的决定——是选择遵守规则还是为了满足自己的欲望而违反规则。孩子们需要判断这个角色的行为是否正确，并给出理由。在这个过程中，那些认为这个角色的行为不正确的孩子可能会感到羞愧，因为他们意识到自己也可能会犯下类似的错误。

实验结果表明，三岁儿童已经出现了萌芽状态的羞愧感，但这种羞愧感还没有从惧怕中摆脱出来，往往与难为情、胆怯交织在一起。实验结果也表明，羞愧感是可以通过引导培育的。

羞耻的两面性

羞耻源于我们的自尊和自我认知。当我们的行为或形象与自尊和自我认知相冲突时，就会产生羞耻感。这种冲突让我们感到不适和痛苦，促使我们采取行动来恢复自尊和自我认知的平衡。比如，洗澡时被人看到裸体，这种羞愧感并不是因为我们的身体本身有什么不好，而是因为我们的裸体是一种私密，一种不应该被他人随意窥视的部分。当这种私密被暴露时，我们会感到被侵犯和羞辱。

需要注意的是，羞耻感并不是一种绝对的好或坏的情感。适度的羞耻感可以激发我们的积极性和进取心，让我们更加努力地追求自我提升和成长。但是，过度的羞耻感则可能让我们陷入自我否定的困境，甚至导致自卑、焦虑等心理问题。因此，我们需要学会正确面对和利用羞耻心。

如何正确面对和利用羞耻心

1．识别羞耻情境，设定隐私边界

首先，我们需要识别羞耻情境，敏锐地察觉何时何地我们可能会感到羞耻。这通常涉及我们的身体、情感、思想或行为的暴露，而这些暴露可能会让我们在他人面前显得脆弱不堪。

其次，我们需要明确设定自己的隐私边界。这具体包括在哪些情况下我们愿意分享什么信息，以及哪些是我们不愿意提及的。

最后，在感到羞耻的情境中，我们需要采取适当的行动来保护自己。这可能包括避免进一步的暴露，或者通过沟通来澄清误解。然后要坦然面对自己的羞耻心，因为自己的价值并不取决于他人的看法。通过培养自我接纳和自尊，我们可以更加从容地面对可能的羞耻情境。

2．理解羞耻感的来源，接受自己的不足

羞耻感往往源于我们对自身行为的过度负面评价，或者对他人的期望过度关注。通过了解羞耻感的这些来源，我们可以更加理性地看待自己的羞耻感，接受自己的不足，并努力改进，这是削弱羞耻感的关键。

在感到羞耻时，试着用同情和宽容的态度对待自己，而不是责备和惩罚。这样能减轻我们的心理负担，让我们更加坦然面对自己的不足。也可以将注意力从羞耻感转移到自我成长上，关注自己的进步和成就，这样能让我们更加积极地面对生活，减少羞耻感对我们产生的负面影响。

希望感：燃起可以燎原的星星之火

【希望如同充电站，为我们在
人生的旅途中不断提供能量】

希望感就像阳光，能驱散生活中的阴霾，也是对抗负面情绪的利器。人们遭遇挫折时，往往容易丧失希望感，结果让负面情绪泛滥成灾。不过庆幸的是，心理学家告诉我们，希望感是可以通过努力提高的。它如同那星星之火，虽不起眼，却能点燃我们内心的激情与斗志，让我们在困境中不屈不挠、勇往直前。

我们决定，选择希望

电影《流浪地球》是一部描绘人类在绝境中寻找希望的壮丽史诗。

故事设定在遥远的 2075 年，太阳即将毁灭，太阳系已经变得不再适合人类生存。面对这样的绝境，人类并没有选择放弃，而是团结起来，启动了"流浪地球"计划。这个计划的核心是建造庞大的地球发动机，推动地球离开太阳系，寻找新的家园。

在这个漫长的旅程中，人类面临着前所未有的挑战。地球发动机的建设需要巨大的资源和人力，同时还要应对各种自然灾害和宇宙威胁。尽管困难重重，人类并没有退缩，他们凭借着坚定的信念和无尽的勇气，一步步向前推进。

在这个过程中，希望成为人类最宝贵的财富。人们相信，只要坚持下去，就一定能够找到新的家园，让人类文明得以延续。这种信念激励着人们不断前行，无论遇到多大的困难和挑战，都不会放弃。

在电影中，有一个特别令人感动的场景。当地球即将被木星巨大的引力捕捉撕裂时，人类面临着前所未有的危机。然而，在这个关键时刻，人们并没有放弃希望。他们团结起来，利用智慧和勇气，成功地改变了地球的轨道，避免了灾难的发生。这个场景深刻地展现了希望的力量，让人们相信，只要心中有希望，就一定能够战胜一切困难。

正如电影中的台词所言——"无论最终结果将人类历史导向何处，我们决定，选择希望！"

希望不是心灵鸡汤

在心理学领域，希望感被深入解读为一种超越简单情感体验的复杂心理现象。它并非空洞的心灵鸡汤，也不是一时的愉悦感受，而是一种由认知驱动的动机系统。这种系统不仅影响我们的思维，还指导着我们的情绪反应和行为模式。

与希望感紧密相连的认知核心是明确的学习目标。拥有希望感的人倾向于设定具体的学习目标，这些目标为他们指明了方向，提供了动力，促使他们不断进步和提升。这些目标驱动着他们制定长期的、稳定的行动策略，并在实施过程中不断自我监控和调整，以确保不偏离目标轨道。

大量的研究已证实，设定明确的学习目标与个人成功息息相关。无论是在学术成就、体育竞技、艺术创作、科学研究领域还是商业经营等领域，设定并追求明确学习目标的人往往更容易取得显著的成就。

相反，缺乏希望感的人在生活中往往会感到目标失控。他们倾向于寻找捷径，回避风险和挑战，因而错失了成长的机会。在面对失败时，他们往往会选择放弃原先的目标，并可能陷入习得性无助的困境，即对自己的能力和控制力产生怀疑，失去前进的动力。

如何培养和增强希望感

1. 设定明确的目标：绘制未来的蓝图

目标要具体、明确，避免模糊和笼统。例如，将"我想变得更好"这样的目标细化为"我希望在接下来的三个月里，每天阅读一小时，提高自己的知识储备"。

设定可衡量的目标，让我们能够清晰地看到自己的进步。比如，你可以设定一个具体的体重减轻目标，或者是在工作中完成某个项目的具体日期。

目标要有一定的挑战性，但也要确保在可实现的范围内。过于简单的目标可能无法激发我们的动力，过于困难的目标则可能会让我们感到挫败。

当我们设定了明确的目标后，就要坚定地朝着它前进。每一步的努力和进步，都会让我们离目标更近一步，也会让我们更加坚信自己能够实现它。这种信念和动力，正是希望感的重要来源。

2. 关注自己的成长：构筑持续进步的阶梯

定期对自己的行为和思维进行反思，找出自己的不足和需要改进的地方。这种反思不仅可以帮助我们避免重蹈覆辙，还可以让我们更加了解自己、发现自己的潜力。

在反思的基础上，积极调整自己的行为和思维。尝试新的方法、接受新的挑战、学习新的技能，这些都可以帮助我们不断成长和进步。

在追求目标的过程中，我们可能会遇到许多小挫折和暂时的失败，这是很正常的。不要被这些小挫折和暂时的失败吓到，每当我们取得一点小小的进步或成功时，就为自己庆祝一下。这种庆祝不仅可以让我们感到愉悦和满足，还可以让我们更加坚信自己能够实现目标。

欲望：勇敢说出"我想要"

【直面欲望，解锁内在动力，探索真实的自我】

欲望是生命的动力，它驱使着我们去追求、去创造、去体验。它既是推动我们前进的动力，又是构成我们内心世界的基石。在繁忙的生活中，我们被无数欲望牵引，渴望成功、渴望爱情、渴望物质的满足。然而，面对欲望的海洋，我们时常感到迷茫和害怕，担心被欲望控制，最终失去自我。但我要说，不要害怕欲望，不要逃避它，而是应该勇敢地直面它、驾驭它，让它成为我们乘风破浪的起点。

勇敢说爱

在我生活的圈子里，有一个朋友叫小琴，一个充满活力和热情的 25 岁女孩。她成长在一个传统而保守的家庭，对于爱情这类话题，她从小就被教导要保持距离、谨慎对待。然而，当她踏入社会的大舞台后，她开始发现，自己的内心深处似乎涌动着一种难以言说的欲望。

有一天，我们聚在一起闲聊，小琴提到她工作中遇到的一位男性同事。我看见她在谈论这位男性同事时，眼中闪烁着一种特殊的光芒。她说他深邃的眼眸总能让她心跳加速，每当他们有所接触时，她都能感受到一股想要与他更加亲近的强烈冲动。但是，她清楚这种欲望在自己的家庭是不被接纳的，所以她选择了默默地抑制。

小琴告诉我，她不想被欲望左右，她渴望找到一种平衡的方式。她开始和朋友们分享自己的挣扎和困惑，寻求她们的帮助。渐渐地，她发现通过坦诚地表达自己的感受，似乎可以释放内心的欲望和冲动。

除此之外，小琴还找到了其他方式来转移自己的注意力。她开始用写日记的方式来记录内心的感受和冲动，把情感倾注在文字中，寻找一种心灵的寄托。同时，她也更加专注于工作，追求事业上的成功，用理智来引导自己的行为。

尽管小琴一直在努力控制和抑制自己的欲望，但她也明白，在适当的时机表达内心的真实感受是必不可少的。有一天晚上，我们再次聚在一起，小琴告诉我，她鼓起勇气向那位男性同事表达了自己的爱意。虽然结果并没有如她所愿，但她没有后悔。她告诉我，无论欲望多么强烈，都需要考虑到周围的环境和人际关系，以及自己内心真实的感受。

小琴的故事让我深受触动。她用自己的方式面对内心的欲望和冲动，既不失传统的保守，又勇敢地追求真实的自我。她让我明白，欲望是人类的天性，我们要学会如何正确地面对和调控它。

直面欲望

直面欲望，意味着我们要有勇气去正视自己内心的需求和愿望。这并非易事，需要我们克服内心的恐惧和不安，勇敢地迈出那一步。当我们真正去审视自己的欲望时，会发现它并非那么可怕，而是我们成长和进步的动力源泉。

需要注意的是，直面欲望并不等于放纵欲望。欲望如同一把双刃剑，既可以推动我们向前，也可以让我们陷入深渊。因此，我们在追求欲望的同时，要保持理性和清醒的头脑，保持适度的节制和平衡，学会控制自己，避免被欲望控制、成为欲望的奴隶。

在直面欲望的过程中，我们还需要学会从欲望中汲取动力。欲望是我们的内心在向我们发出信号，告诉我们真正想要的是什么。当我们了解了自己的欲望后，就可以将其转化为追求幸福和满足的动力。

如何直面与调控欲望

1. 正视欲望：深入了解并接纳欲望

我们需要花时间反思自己的欲望。这不仅是简单地思考"我想要什么"，而是深入探究这些欲望背后的原因和动机。通过自我对话和冥想，我们能更清晰地了解自己的内心需求。

不要害怕或抵制欲望，学会接纳并理解它。要认识到欲望是我们人性的一部分，并没有对错之分，关键在于我们如何平衡和调控它。

2. 保持理性：转化欲望为明确目标

将欲望转化为具体、可实现的目标，这样做有助于我们更有针对性地追求和满足欲望，同时让我们更容易衡量自己的进展和成就。

为实现这些目标，我们需要制订详细的行动计划。具体包括时间管理、资源分配、步骤分解等。一个有条理的计划能帮助我们避免盲目和冲动，确保我们在追求欲望的道路上保持理性。

在追求欲望的过程中，我们需要保持节制和平衡。这意味着我们要避免为了追求短暂的满足而牺牲长远的利益。同时，我们也不能让欲望完全控制我们的生活，而是要学会在欲望和理智之间找到平衡。

第七章

与情绪和解

你正在被你的情绪消耗

【拒绝内耗，不让坏情绪拖垮你】

你是否时常感到疲惫不堪，明明没做什么体力活，却觉得心力交瘁？这可能是因为你的情绪正在悄悄消耗你的能量。

情绪消耗能量常常被我们忽视，但它却实实在在地影响着我们的精神状态和身体健康。当我们处于负面情绪中（如焦虑、愤怒、沮丧等），我们的身心都会受到不同程度的损耗。

考研征途上的心灵蜕变

在大学的最后一年，大家都开始为自己的未来做准备，日子过得紧张而充实。我的室友小雅是个文静而又坚韧的女孩，她的目标非常明确——考研，继续深造。

小雅是个极其自律的人，她对考研的准备计划精确到每一分钟。然而，就在这样的高强度复习下，她的情绪逐渐变得不稳定起来。每当做模拟试题的成绩不如预期时，小雅就会陷入深深的自责和焦虑中。她的脸上失去了往日的笑容，取而代之的是紧锁的眉头和疲惫的眼神。

我默默观察着小雅的变化，心中既担忧又无奈。我知道，她不仅需要时间，更需要一种正确的方式来面对和调控自己的情绪。但我也明白，每个人都有自己的路要走，我只能提醒她不要让坏情绪占据上风，要学会拒绝内耗，保持一颗平静而坚定的心。

终于有一天，小雅意识到了自己的情绪问题，她开始尝试一些新的方法来调节自己，比如跑步、做瑜伽。我惊喜地发现，她的脸上逐渐恢复了笑容，情绪也变得更加稳定。

在考研的冲刺阶段，小雅的状态越来越好，她不仅成绩稳步上升，还找回了那个充满活力和自信的自己。最终，她以优异的成绩考上了心仪的院校。

当小雅告诉我这个好消息时，我由衷地为她感到高兴。我知道，这是她自己努力和调整情绪的结果，她已经学会了拒绝内耗，不再让坏情绪拖垮自己。

情绪是一把双刃剑

当我们说"你正在被你的情绪消耗"时，我们实际上是在提醒人们关注自己的情绪状态，并需要意识消极情绪对身心健康的潜在威胁。

心理层面上，情绪是我们内心世界的反映，它们伴随着我们的思想和行为，影响着我们的决策和行动。当我们被消极情绪困扰时，我们可能会感到焦虑、沮丧、愤怒或无助等。这些情绪不仅会影响我们的心理健康，导致我们心理压力增大，还可能影响我们的人际关系。例如，长期的焦虑可能导致我们失去自信，变得孤僻和难以与人相处；愤怒则可能引发冲突和暴力行为。

生理层面上，情绪与我们的身体健康紧密相连。当我们处于消极情绪状态时，我们的身体也会受到一定的影响。例如，长期焦虑和压力过大可能导致心跳加速、血压升高、呼吸急促等。这些生理反应不仅会加重我们的心理负担，还可能引发各种身体疾病。

为什么我们会被情绪消耗呢？一方面，现代社会的生活节奏越来越快，人们面临着越来越多的压力和挑战，这些压力和挑战往往会引发焦虑、沮丧和疲惫等消极情绪。另一方面，我们往往缺乏足够的情绪调控能力，不知道如何正确地面对和处理消极情绪。当我们无法有效地调控自己的情绪时，这些情绪就会像滚雪球一样越积越多，最终导致我们的心灵疲惫不堪。

拒绝内耗，从小事做起

1．增强自我觉察，了解情绪动态

增强自我觉察是减少情绪内耗的第一步。我们需要学会观察自己的情绪，了解它们的起伏和变化。当消极情绪出现时，不要急于压抑或逃避，而是尝试停下来，深呼吸，问问自己："我现在是什么感受？为什么会有这种感受？"这样的自我对话可以帮助我们更清晰地认识自己的情绪，从而有针对性地进行情绪调控。

在日常生活中，我们可以从小事做起，增强自我觉察的能力。例如，在忙碌的工作中，偶尔停下来喝杯茶，让自己放松一下，同时观察自己的情绪状态。在与他人交流时，注意倾听自己内心的声音，了解自己的真实感受和需求。通过不断的练习和反思，我们可以逐渐提高自我觉察的能力，减少情绪内耗。

2．学会释然放下，减轻心理负担

学会释然放下是减少情绪内耗的关键。我们经常会因为过去的错误、遗憾或失败而耿耿于怀，这些负面情绪会不断地消耗我们的能量。为了减轻心理负担，我们需要学会放下过去的包袱，专注于当下和未来。

首先，接受过去的事实，不要过于纠结和自责。每个人都有犯错的时候，重要的是从错误中吸取教训并向前看。其次，关注当下，珍惜眼前的人。将注意力集中在当前正在做的事情上，用心体验每一个瞬间。最后，设定合理的目标和期望。不要过于追求完美和成功，而是根据自己的实际情况制订可行的计划，并为之付出努力。

情绪稳定不等于没有情绪

【情绪如水，波澜不惊下亦有深流暗涌】

当谈及情绪稳定时，许多人或许会误解为是对情绪的完全压制或避免。但事实并非如此，情绪稳定更像是一种内心的平衡与和谐，它允许我们感受各种情绪，但不被情绪控制，而是在情感的海洋中保持一颗宁静的心。

女强人也有柔情

李琳是一位公司领导，她以严谨的工作态度、卓越的领导能力和出色的业绩在业界享有盛誉。在同事眼中，她是一位不折不扣的女强人，总是能够冷静地面对各种挑战和困难，从不轻易表露情绪。

然而，在一次公司年会上，李琳却意外地展现了她柔情的一面。当一位长期合作的同事因家庭原因即将离职时，李琳在台上发表了感人至深的讲话。她回忆起与这位同事共同度过的时光，表达了对这位同事的感激和不舍之情。那一刻，她的眼眶湿润了，声音也略带哽咽。在场的所有人都被她的真情所打动，纷纷为她的真诚和温柔点赞。

年会结束后，有同事好奇地问李琳："你平时总是那么冷静和坚强，怎么今天这么感性呢？"李琳微笑着回答："其实每个人都有感性的一面，工作中我们需要收敛感性的一面，但我们也需要在适当的时候释放和调节它。作为领导者，我需要保持情绪的稳定，以便更好地应对各种挑战。但当我面对离别时，我也会像普通人一样感到难过和不舍。"

是啊，情绪稳定的人并非没有情感，他们只是在工作和生活中学会了如何更好地管理和调节自己的情绪。他们能够在关键时刻保持冷静和理智，同时也不失柔情和感性。

稳定不代表压抑

在解析情绪稳定与情绪表达之间的关系时，我们首先要明确一个观点：情绪稳定并不等同于没有情绪。情绪稳定是指个体在面对不同情境时，能够有效地管理和调节自己的情绪，使其不至于过于强烈或过于压抑，而是保持在一个适度的、可控的范围内。情绪稳定的人能够清晰地认识自己的情绪，并会在适当的时机以恰当的方式表达出来。他们知道何时应该保持冷静，何时应该表达愤怒或喜悦。这种情绪管理能力使他们能够更好地应对生活中的挑战，保持心理健康，并建立良好的人际关系。

压抑情绪是指个体将自己的情绪感受隐藏起来。这种压抑可能出于各种原因，如恐惧、羞耻、担忧他人的反应等。

压抑情绪的人虽然表面上看起来情绪稳定，他们可能习惯了隐藏自己的真实感受，以维持一种看似完美的形象。然而，这种长期的压抑可能导致他们内心的痛苦和挣扎，甚至可能引发心理健康问题。

为什么情绪稳定如此重要呢？首先，情绪稳定有助于我们保持心理健康。当我们能够正确地处理和表达情绪时，就能够减少内心的压抑和焦虑，避免心理问题的发生。其次，情绪稳定是一种建立和谐人际关系的前提，在与他人交往过程中，情绪稳定的人能够更好地理解他人的感受，给予他人支持和理解。他们不会因为自己的情绪问题而对他人产生无端的指责或抱怨，这样的相处模式会让对方感到舒适和安心，从而建立起更加和谐的人际关系。

超越压抑，拥抱真实情感

1. 勇敢释放，真实表达情感

当我们学会勇敢释放并真实表达情感时，我们不仅能够减轻内心的负担，还能增进与他人的情感连接。真实表达情感并不意味着毫无节制地发泄情感，而是要在合适的场合以恰当的方式表达我们的感受，通过积极的语言和姿态让他人更好地理解我们的内心世界，促进人际关系的和谐发展。

为了更好地表达情感，在表达之前，先静下心来倾听自己的内心感受，明确自己的情感需求。

选择合适的时机和场合：避免在公共场合或情绪激动时表达情感，选择一个相对私密、安静的环境，让情感得以自然流露。然后用积极、正面的语言表达自己的感受，避免使用攻击性语言或消极的言辞。

2. 情绪导航，掌握调节之道

情绪调节技巧是我们在面对情绪波动时的重要工具。通过学习和掌握这些技巧，我们可以更好地管理自己的情绪，避免情绪失控带来的负面影响。情绪调节不仅关乎我们的心理健康，还影响着我们的工作效率和人际关系。

当我们感到紧张或焦虑时，可以通过深呼吸和放松练习平复内心的波澜，缓解情绪压力。当某种情绪过于强烈时，我们可以尝试将注意力转移到其他事物上，如观看一部电影、阅读一本书或进行一项运动。接受自己的情绪并宽容自己是情绪调节的重要一环。不要过于苛求自己，允许自己犯错并从中吸取教训。

察觉真实的情绪

【情绪就像大海中的冰山，而行为只是冰山一角】

你是否曾身处人海微笑面对，内心却感到孤寂无依？或是在狂欢中纵情嬉闹，内心却渴望宁静？这种内外不一的情绪体验往往是因为我们只关注了外在的情绪表达，而忽略了内心的真实感受。我们习惯于按照他人的期望和社会的标准来塑造自己的形象，却忽略了自己内心的需求和感受，这种忽略导致我们感到迷茫、焦虑甚至失落。

冰山之下的真相

在浩渺无垠的海洋深处，隐藏着一座巍峨的冰山。它沉默而深邃，只露出了一角，但真正令人惊叹的却是它深藏不露的庞大根基。这座冰山，就如同我们每个人的内心世界，充满了未知与奥秘。

想象一下，一位年轻的探险家站在海边，目光紧紧锁定在那座冰山上。他心中充满了对未知的渴望，想要揭开冰山深藏的秘密。他明白，这座冰山不仅是一座自然奇观，更是一个象征，代表着人类内心深处的复杂情感与真实自我。

于是，他开始了探索之旅。他沿着冰山的边缘，小心翼翼地攀爬。他发现，冰山的表面虽然坚硬而冰冷，但每一个细微的纹路都蕴含着深刻的意义。这些纹路就像是人们日常生活中的行为举止，看似简单，实则蕴含着复杂的情感和动机。

随着他逐渐深入水下，他看到了冰山更加庞大而复杂的底部。这里，是情感的海洋，是思维的深谷，是每个人内心深处的真实写照。

在这个过程中，探险家遇到了各种挑战和困难。有时，他感到困惑和迷茫，不知该如何前进；有时，他感到害怕和不安，担心自己无法承受真相的重量。

在探索的过程中，探险家逐渐明白，每个人的内心都像是一座冰山，由多个层次组成。最表面的是行为层，是人们在外界环境中的表现和应对方式；接下来是感受层，是人们内心的情感体验；往下是观点层，是人们对于世界的看法和解释；然后是期待层，是人们对于自己和他人行为的期望；再往下是渴望层，是人们内心深处最真实的需求和愿望；最后是最核心的自我层，是人们真正的本质和价值所在。

这个故事其实就是萨提亚的冰山理论，这个理论认为，人的内心是多个层次的，行为只是冰山一角，我们要学会去觉察真实的情绪。

深度自我探索

在我们的日常生活中，情绪扮演着至关重要的角色。它们是我们对周围环境和他人反应的自然表达，也是我们理解自己和他人内心状态的重要途径。然而，要察觉真实的情绪并不容易。原因有以下几点。

第一，情绪并不总是显而易见的，有时人们会出于各种原因掩饰或伪装自己的情绪。例如，在社交场合中，我们可能会为了维护和谐的气氛而隐藏自己的不满或失望；在工作中，我们可能会为了保持专业形象而掩饰自己的焦虑或压力。正因为察觉真实的情绪不容易，所以我们需要具备敏锐的观察力和洞察力。

第二，我们可能会受到外界的影响而忽视自己的情绪，我们也可能会因为缺乏经验而无法准确识别某些情绪。

能够觉察真实情绪的人在自我认知方面会更加深入和全面。他们了解自己的优点和缺点，能够清晰地认识自己的价值观和人生目标。这种自我认知使他们更加坚定和自信地面对生活中的挑战和困难。而不能觉察真实情绪的人可能会因为缺乏自我认知而感到迷茫和不安，无法找到真正属于自己的方向，甚至会因为情绪失控而做出冲动的决定，影响自己的生活和人际关系。但是，只要我们保持开放的心态和学习的态度，不断积累经验和实践技巧，就能够逐渐提高自己对情绪的察觉能力。

如何觉察真实的情绪

1. 深化情绪认知

学习识别不同种类的情绪，如快乐、悲伤、愤怒、恐惧、惊讶等。了解这些情绪的基本特征，有助于我们更准确地觉察内心的情感波动。

有时，我们可能只感受到了表面上的情绪，而忽视了更深层次的情感。深化情绪认知意味着要学会区分表面情绪与深层情绪，挖掘和识别那些隐藏的真实情绪。

观察自己的情绪反应，尝试在日常生活中识别并命名自己所体验到的情绪。通过实践增强识别能力可以帮助我们提高对情绪的觉察能力。

2. 持续自我觉察

觉察真实的情绪需要时间和耐心，不要急于求成，而是要学会放慢脚步，静下心来倾听自己内心的声音。

自我觉察是一个持续的过程，定期抽出时间进行自我反思，关注自己的内心感受和需求。

　　记录自己的情绪体验，包括触发情绪的事件、当时的感受以及自己的反应。定期回顾这些记录，可以帮助我们更好地了解自己的情绪模式，从而更准确地觉察真实的情绪。

管理情绪的办法是表达

【在坏情绪面前，沉默是积压的火山】

你是否有过心中翻滚着难以名状的情绪，却苦于无法找到恰当宣泄途径的经历？在这个快节奏的时代，我们往往被各种情绪困扰，却又不知该如何处理。其实，情绪管理的秘诀就隐藏在一个看似简单的动作中——表达。通过表达，我们可以将内心的情感释放出来，避免情绪的积压，实现情绪的平稳过渡与人际关系的和谐。

非暴力沟通

假设在一个家庭中，父母和孩子因为孩子晚归的问题产生了争执。按照传统的沟通方式，父母可能会严厉地批评孩子，指责孩子不守时、不尊重家庭规则等。但在这个案例中，父母选择了非暴力沟通的方式来处理这个问题。

首先，母亲观察并陈述了事实："小明，我看到你今晚比平时晚回家了两个小时。"这里没有加入任何评价或指责，只是客观地描述了观察到的情况。

其次，母亲表达了自己的感受："我很担心你，你这么晚回家让我很不安。"这里，母亲没有指责孩子，而是表达了自己的担忧和不安。

再次，母亲提出了自己的需要："我希望你知道，我们有一个家庭规则，就是要在晚上10点前回家。这个规则是为了保证你的安全，也让我们能够知道你的行踪。"这里，母亲明确了自己的需求，即希望孩子能够遵守家庭规则。

最后，母亲提出了一个具体的请求："小明，你愿意告诉我今晚为什么晚归了吗？同时，也请你考虑一下以后如何更好地遵守家庭规则。"这里，母亲用一个开放性的问题来引导孩子表达自己的想法，并提出了一个具体的请求。

通过非暴力沟通的方式，母亲不仅表达了自己的担忧和需要，还尊重了孩子的感受和需求。这种沟通方式有助于建立更加和谐的家庭关系，减少冲突和误解，孩子也更有可能理解母亲的担忧和需要，并愿意与母亲一起探讨如何解决问题。

为何表达情绪是至关重要的

"表达"是指将我们内心的感受、想法和需求通过语言、行为等方式有效地传达给他人。这一行为不仅对于个人成长极为重要，对于人际关系的建立和维护也具有深远影响。

表达情绪是我们了解自我、实现自我认知的重要途径。当我们敢于直面并表达内心的情感时，我们就能够更深入地探索自己的需求、价值观。这种自我觉察有助于我们构建更健康、更和谐的人格，促进个人成长和心灵成熟。

表达情绪是建立和维护人际关系的桥梁。通过真实地表达我们的感受和需求，我们能够让他人更加了解我们，从而增进彼此之间的理解和信任。这种深层次的情感联系是人际关系中最为宝贵的财富，也是我们在工作和生活中取得成功的重要支撑。

然而，在现实生活中，很多人却选择抑制或掩饰自己的情绪。这背后可能受到文化背景、社会观念以及个人经历等多种因素的影响。比如，有些文化认为表达负面情绪是不礼貌或不合适的行为；有些社会观念鼓励我们坚强、勇敢地面对困难，不要流露出软弱或脆弱的一面。这些观念可能会让我们在表达情绪时感到犹豫或不安。

我们必须认识到，抑制或掩饰情绪并非解决问题的根本之道。相反，它可能会让我们陷入更深的困境之中，甚至导致心理健康问题。

沟通的艺术

1. 区分观察与评论

观察是基于事实看到的一些现象，评论则是基于这些观察得出的主观评价或看法。当我们能够清晰地区分两者时，我们的沟通将变得更加准确和客观。例如，如果我们说"小李的成绩很好"，这实际上是一个评论，因为它包含了我们的主观评判。然而，如果我们说"小李的成绩全班第一，每一科都在90分以上"，这就是一个观察，因为它是基于事实的描述，没有掺杂我们的主观评价。区分观察和评论的重要性在于，当我们基于观察来表达时，我们更有可能传达出准确的信息，避免误解和冲突。这种客观的表达方式有助于他人更好地理解我们的意图，并促进更有效的沟通。

2. 学会表达自己的感受

感受是我们基于事实的身体感觉和情感状态，它是我们内心真实的反映。当我们能够勇敢地表达自己的感受时，我们更有可能得到他人的理解和支持。例如，我们可以说"我的提议被领导拒绝了，我很难过"，这是一个表达感受的句子，它清楚地表达了我们现在的情绪状态，没有掺杂对他人的评价或指责。当我们以这种方式表达自己的感受时，我们更容易得到他人的同情和关心，从而建立更加真诚和深入的人际关系。

把注意力收回来

【 聚焦内心，方能驾驭情绪之舟 】

在生活的喧嚣与繁杂中，我们的注意力常常如脱缰的野马，难以驾驭。情绪，这个无形的力量，更是在不经意间左右着我们的决策与行动。正如乔布斯所言："你的工作将占据你人生的大部分时间，唯一能真正获得满足的方法就是做你认为伟大的工作。"对于情绪的管理与理解，同样需要我们全身心地投入与专注。

跨过焦虑的波涛，到达专注的彼岸

记得以前读书的时候，有一个重要的研究项目临近截止日期，我倍感焦虑。我发现自己的注意力越来越难以集中，每当坐在电脑前准备研究时，我的思绪总是不由自主地飘向别处，担心研究的结果、论文的完成度以及导师对我的期望。

这种持续的焦虑和分心严重影响了我的效率。我开始意识到，如果继续这样下去，我不仅无法按时完成项目，还可能因为过度的压力而影响到自己的身心健康。

在一次与导师的交谈中，我表达了自己的困扰。导师耐心地倾听后，给出了建议。他告诉我，焦虑是每个人都会有的情绪，关键在于如何管理它。他建议我尝试放松自己，同时也推荐了一些有助于提高注意力的方法，如番茄工作法，即将学习时间划分为多个 25 分钟的小块，并在每个小块之间休息 5 分钟。

听从导师的建议，我开始尝试使用这些方法。每当感到焦虑或分心时，我就会停下来深呼吸几次，或者起身走动一下，让自己的身体得到放松。同时，我也开始采用番茄工作法来规划我的学习时间，将复杂的任务分解为更小、更易于管理的部分。

随着时间的推移，我发现自己的注意力逐渐得到了改善，我不再那么容易被外界干扰，能够更加专注地投入研究中。同时，我的焦虑情绪也得到了缓解。

保持专注

在现代社会中，我们往往被各种信息和任务包围，导致我们的注意力难以集中。然而，情绪管理却需要我们保持高度的专注和觉察力。

我们首先要明确什么是注意力。注意力是指我们心理活动指向和集中于某种事物的能力。当我们把注意力集中在情绪上时，我们其实是在主动地感知和体验自己的情绪变化。这种感知和体验能够帮助我们更深入地了解自己的内心世界，找到问题的根源。

那么，为什么我们需要将注意力从外界纷扰中收回，转而聚焦于我们的情绪呢？一方面，当我们的注意力被外界的事物分散时，我们往往容易忽视内心的声音，忽略那些细微而重要的情感信号。这样可能会导致情绪问题的积累和加剧，进而影响我们的身心健康和生活质量。另一方面，只有当我们主动将注意力投向情绪时，我们才能够更深入地解读和理解自己的情感世界。这种对情绪的深度觉察和理解，能够增强我们对情绪的调控能力，使我们更加从容地应对生活中的挑战和压力。

此外，将注意力集中于情绪上，还能够促进我们情绪智商的提高和人际关系的提升。当我们能够更准确地感知和解读自己的情绪时，我们也能够更好地理解他人的情感和需求。这种理解和共情能力，能够增强我们的人际交往能力，使我们与他人建立更加和谐、亲密的关系。

如何才能把注意力收回来

1. 设定明确的专注时间

设定明确的专注时间是提高注意力的第一步。你可以使用番茄工作法，将工作时间划分为多个 25 分钟的"番茄"时间块，每个时间块之间休息 5 分钟。这种工作法不仅能帮助你保持注意力的集中，还能让你在休息时间得到放松，从而更好地准备下一个"番茄"时间块。

同时，为每个任务设定明确的时间限制也是非常重要的。例如，你可以设定"在接下来的一个小时内，我将专注于这个项目"的目标。这样做能够激发你的紧迫感，让你更加专注于任务本身，从而提高工作效率。

2. 避免拖延和一心多用

将待办事项列成清单，并按照优先级排序，这样可以帮助你明确任务目标，减少因迷茫而产生的拖延。你可以使用任务管理工具或手写清单来记录任务，确保自己始终清楚下一步的行动计划。

在专注时间内，尽量避免一心多用。将手机调至静音或放在远处，关闭不必要的电子邮件通知和社交媒体应用，确保自己能够专心完成任务。如果你发现自己难以抗拒诱惑，可以尝试使用专注模式或时间管理工具来限制干扰因素。

对于较大的任务，尝试将其分解为更小、更易于管理的部分。

这样做可以降低任务的难度，让你更容易"开始"和"坚持"。同时，每完成一个小任务都会给你带来成就感，这会激发你继续前进的动力。

别再让惯性操控你的情绪

【情绪不应被惯性操控，每一次的觉醒都是对自我的救赎】

　　当情绪如潮水般涌来，我们时常感觉自己仿佛被卷入了一个深不见底的旋涡，难以挣脱其束缚。然而，你知道吗？这个看似无法抗拒的旋涡，其真正的根源深植于我们自身的思维之中。这些思维模式会让我们在面对情绪挑战时时常陷入被动和无奈的状态。

惯性会让你失控

　　一辆载有十几位乘客的公交车突然间失控坠入江中，引发了社会各界的广泛关注。随着调查的深入，事件的起因逐渐清晰。原来，这起悲剧的导火索竟是一名女乘客因坐过站而引发的情绪失控。

　　在这个过程中，不得不提到一个关键因素——惯性思维对情绪的操控。女乘客在面对坐过站这一小挫折时，由于惯性思维的作用，她选择了以攻击和发泄的方式来应对。她的情绪瞬间被点燃，失去了理智和判断力。同样，司机在面对女乘客的攻击时，他的情绪也被惯性思维操控，在愤怒和冲动的驱使下，做出了向左打方向盘的决定，最终酿成了悲剧。

　　惯性思维往往会在不知不觉中操控我们的情绪，让我们做出一些冲动或错误的决定。如果不能及时识别和克服这种惯性思维，就可能会陷入一种恶性循环，无法自拔。

从习惯到掌控

情绪惯性是一种心理现象，表现为我们在面对特定情绪时，倾向于按照过去的经验和习惯来应对。例如，愤怒时可能选择发泄或逃避；焦虑时可能拖延或逃避责任。然而，这种惯性思维往往让我们陷入恶性循环，难以真正解决问题。

为什么我们会被情绪惯性操控呢？这与我们的心理防御机制密切相关。当面对压力和挑战时，为了保护自己免受伤害，我们倾向于选择一种看似安全的应对方式。但这种方式往往只是暂时的逃避，而非真正的解决之道。随着时间的推移，不断逃避问题只会让我们的情绪变得更加复杂和混乱，最终失去对情绪的掌控。

与那些容易被情绪惯性操控的人相比，没有情绪惯性的人能够更灵活地应对各种情绪。他们能够在面对情绪时保持冷静和理智，不被过去的经验和习惯束缚。他们懂得分析问题的根源，制定实际的解决方案，并勇敢地面对挑战。因此，他们能够更好地掌控自己的情绪，避免陷入恶性循环。

为了打破情绪惯性的束缚，我们需要清楚自己的情绪是否被惯性操控，并学会正确地解读和调控自己的情绪。只有这样，我们才能成为情绪的主人，而不是被情绪操控。

如何才能摆脱情绪惯性的操控

1. 挑战惯性思维

惯性思维是一种强大的心理现象，它让我们在面对相似情境时，能够迅速做出反应。然而，这种迅速反应并不总是基于理性和客观的判断。当我们遇到新的、复杂的情绪挑战时，惯性思维可能会让我们陷入困境。因此，我们需要学会挑战惯性思维，以更加开放和灵活的态度来应对各种情绪。

要挑战惯性思维，需要对新的情绪挑战保持开放和好奇的态度，不要急于做出反应，而是先停下来观察和分析。尝试从不同的角度看待问题，不要局限于一种思维模式。通过多角度思考，我们可以发现更多的解决方案。在每次发泄情绪之后，都要进行反思和总结，找出自己的不足。通过不断反思和总结，我们可以逐渐调整自己的情绪应对方式。

2. 学会及时"刹车"

在情绪冲动时，我们往往容易失去理智，做出一些不理智的行为。为了避免发生这种情况，我们需要学会在关键时刻及时"刹车"，平复自己的情绪。

当感到情绪激动时，先停下来深呼吸几次，让自己的情绪恢复平静。深呼吸有助于降低心跳和血压，缓解紧张情绪。当情绪冲动时，不要让自己一直沉浸在负面情绪中，可以尝试做一些其他的事情来分散注意力，如听音乐、散步等。如果情绪问题过于严重，我们可以寻求亲朋好友或专业心理咨询师的帮助，他们可以提供支持和建议，帮助我们更好地应对情绪问题。